Akshita Sharma
Jaspreet Kaur

Ficocianina - O pigmento com um objetivo

Akshita Sharma
Jaspreet Kaur

Ficocianina - O pigmento com um objetivo

ScienciaScripts

Imprint

Any brand names and product names mentioned in this book are subject to trademark, brand or patent protection and are trademarks or registered trademarks of their respective holders. The use of brand names, product names, common names, trade names, product descriptions etc. even without a particular marking in this work is in no way to be construed to mean that such names may be regarded as unrestricted in respect of trademark and brand protection legislation and could thus be used by anyone.

Cover image: www.ingimage.com

This book is a translation from the original published under ISBN 978-3-659-76997-9.

Publisher:
Sciencia Scripts
is a trademark of
Dodo Books Indian Ocean Ltd. and OmniScriptum S.R.L publishing group

120 High Road, East Finchley, London, N2 9ED, United Kingdom
Str. Armeneasca 28/1, office 1, Chisinau MD-2012, Republic of Moldova, Europe
Printed at: see last page
ISBN: 978-620-8-05971-2

RESUMO

As cianobactérias, microrganismos fotoautotróficos gram-negativos, são fontes ricas de metabolitos estruturalmente novos e biologicamente activos. O pigmento cianobacteriano ficocianina tem excelentes propriedades como antioxidantes, anti-inflamatórias, anti-cancerígenas e antimicrobianas. Esta tese avalia a atividade antimicrobiana da C-ficocianina isolada de *Anabaena variabilis* e *Synechococcus elongates* contra bactérias e fungos. A C-Ficocianina utilizada nesta experiência foi obtida a partir de extractos de anos anteriores; extractos preparados a partir de culturas de anos anteriores e C-Ficocianina recentemente extraída. Observou-se que os extractos, exceto a C-Ficocianina recém-extraída, foram capazes de diminuir o crescimento da estirpe bacteriana *{Escherichia coli)* e da estirpe fúngica *{Aspergillus niger).* Com base na formação da zona de inibição, concluiu-se que os extractos de *Anabaena variabilis* tinham uma eficácia antimicrobiana significativa. Os extractos aquosos de C-ficocianina isolados de *Anabaena variabilis* apresentaram uma atividade antimicrobiana máxima. Concluiu-se também que os extractos de C-ficocianina do ano anterior eram capazes de inibir o crescimento de microrganismos. A C-ficocianina é fácil de cultivar e menos dispendiosa em comparação com os medicamentos antimicrobianos sintetizados quimicamente. A investigação indica claramente o excelente potencial da C-Pc como fonte antimicrobiana. É, de facto, necessária uma maior exploração para investigar a atividade antimicrobiana da C-Pc, para que possa ser comercializada como medicamento antimicrobiano. As estirpes de fungos e bactérias foram obtidas do Departamento de Microbiologia, PUNJAB AGRICUTURAL UNIVERSITY, Ludhiana, Punjab. As estirpes de cianobactérias foram obtidas do Departamento de Biotecnologia, ALLAHABAD UNIVERSITY, Allahabad, Uttar Pradesh.

Palavras-chave: Cianobactérias, C-ficocianina, zona de inibição, atividade antimicrobiana

ÍNDICE DE CONTEÚDOS:

CAPÍTULO 1
INTRODUÇÃO

As cianobactérias são um grupo de bactérias gram-negativas fotoautotróficas e são um dos componentes mais primitivos encontrados na Terra (Whitton e Potts, 2002). Foram os primeiros organismos a utilizar dois fotossistemas (Fotossistema I e II) e a dividir a água em vez de $H_2 S$ como fazem as outras bactérias. As cianobactérias captam a luz solar utilizando clorofila a e vários pigmentos acessórios, especialmente C-Pc, e efectuam a fotossíntese como as algas e as plantas (Kulasooriya, 2011). As cianobactérias realizam a fotossíntese oxigenada tal como as algas verdes eucarióticas e as plantas superiores; não armazenam alimentos sob a forma de amido (Castenholz e Waterbury, 1989).

As cianobactérias são omnipresentes na natureza e encontram-se normalmente em lagos, lagoas, nascentes, zonas húmidas, ribeiros, rios e desempenham um papel importante na dinâmica do azoto, do carbono e do oxigénio de muitos ambientes aquáticos (Kann, 1988; Skulberg, 1996; Koi, 1968). As cianobactérias não só têm uma vasta gama de habitats, como também têm uma variedade de organizações que vão desde unicelulares a filamentosas e coloniais (Hader, 1987).

As cianobactérias produzem oxigénio e fixam o azoto, dois papéis essenciais para o nosso ambiente, mas também podem libertar toxinas mortais. Fazem-no especialmente quando formam florescências na água. As cianobactérias florescem intensamente em águas superficiais eutróficas (lagos, reservatórios e rios lentos). Algumas florescências podem não afetar o aspeto da água. Os seguintes factores são responsáveis pela predominância de cianobactérias que formam florescências durante o período de verão: Temperatura da água, intensidade luminosa, relação N: P, estabilidade da coluna de água.

As cianobactérias produzem os seus metabolitos secundários. Habitam uma série de habitats diversos e extremos e têm potencial para produzir uma gama elaborada de metabolitos secundários com estruturas invulgares e uma bioatividade potente (Namikoshi e Rinehart, 1996). Sabe-se que várias estirpes de cianobactérias produzem metabolitos intracelulares e extracelulares com diversas actividades biológicas, tais como antifúngica (John *et al,* 2003) e antibacteriana (Ghasemi *et al,* 2003).

As cianotoxinas incluem hepatotoxinas, neurotoxinas e toxinas irritantes. Os metabolitos secundários das cianobactérias estão associados a efeitos tóxicos, hormonais e antimicrobianos. As substâncias antimicrobianas envolvidas podem ter como alvo vários tipos de microrganismos, procariotas e eucariotas. Os metabolitos secundários incluem uma gama de compostos que apresentam actividades antibacterianas, anticoagulantes, antifúngicas (Jaki *et al,* 1999), anti-inflamatórias, antimaláricas, antivirais, antitumorais e citotóxicas. A ficocianina é um complexo pigmento-proteína da família das ficobiliproteínas que captam a luz. A ficocianina C tem atraído a atenção devido ao seu valor nutricional e às suas propriedades medicinais. Suporta um forte perfil citoprotector, hepatoprotector e neuroprotector (Romay *et al,* 2003).

O objetivo do projeto de investigação é determinar a atividade antimicrobiana do C-Pc contra bactérias e fungos. A atividade antimicrobiana é um efeito antagónico exercido pelos micróbios sobre outras espécies vivas. O C-Pc impede o crescimento dos micróbios: inibindo a síntese proteica, dificultando a atividade metabólica, interferindo com os nutrientes de crescimento e rompendo a parede celular.

O meu projeto está dividido nas seguintes secções Inoculação de células de cianobactérias, colheita dessas células, preparação de extractos, inoculação de bactérias e fungos e ensaio antimicrobiano por C-Pc contra eles. As estirpes de cianobactérias utilizadas são *Synechococcus elongates* e *Anabaena variabilis*. A estirpe bacteriana utilizada é *Escherichia coli* e a estirpe fúngica utilizada é *Aspergillus niger*.

A inoculação de C-Pc é composta por três secções: Extractos do ano anterior, extractos preparados a partir da cultura do ano anterior e extractos, extractos recentemente preparados a partir de uma cultura de cianobactérias recentemente inoculada. *S.elongates* é uma cianobactéria unicelular que se encontra amplamente disseminada no ambiente marinho. *A.variabilis* é uma espécie de cianobactéria filamentosa. O meio utilizado para a inoculação de cianobactérias é o meio BG-11. Foram preparados dois tipos de meios: meios positivos com azoto e meios negativos sem azoto. Após a inoculação em meio BG-11, as células de cianobactérias foram mantidas num agitador durante 24 horas a 27°C para um arejamento e agitação adequados. Em seguida, as culturas foram mantidas à luz do sol durante 2 dias. Depois, no escuro durante 2 dias. A densidade ótica de ambas as estirpes de cianobactérias foi medida a intervalos regulares.

Os extractos antimicrobianos foram preparados através da colheita das células após 25 dias, quando o crescimento das células é máximo, o que envolve posteriormente a centrifugação da cultura de cianobactérias e a eliminação do sobrenadante, armazenando o sedimento em tubos falcon a 4°C. Preparação de extractos de cianobactérias utilizando diferentes solventes (etanol, água, isopropanol, clorofórmio, acetona) que são misturados com areia tratada com HC1 e esmagados juntamente com as células de cianobactérias colhidas. As células foram recolhidas na proporção especificada, ou seja, células:solvente foi de 5:2. Depois de esmagadas num almofariz de pilão, foram centrifugadas. Os eppendorfs com coloração verde ou transparente indicam a presença de cianotoxinas e os eppendorfs com pigmento azul indicam a presença de ficocianina.

O isolamento da estirpe bacteriana *(E.coli)* foi efectuado em meio Nutrient Agar nas placas de Petri pelo método de espalhamento, uma vez que o caldo bacteriano estava disponível. Após o isolamento, estas foram incubadas a 37°C numa incubadora. O isolamento da estirpe fúngica *(A.niger)* foi efectuado em meio Sabouraud Dextrose Agar em petridishes utilizando o método de estrias e incubado à temperatura ambiente. Estas placas foram preservadas e posteriormente subcultivadas para o ensaio antimicrobiano de C-Pc contra fungos e bactérias. O ensaio antimicrobiano determina a atividade da C-Pc para matar ou retardar o crescimento de bactérias e fungos. A atividade antimicrobiana da C-Pc foi verificada para todos os extractos: Extractos de C-Pc do ano anterior, extractos preparados a partir de culturas e extractos do ano anterior e extractos de C-Pc recentemente preparados após inoculação de culturas de cianobactérias frescas. Os resultados foram concluídos com base no ensaio antimicrobiano e medindo a zona de inibição.

CAPÍTULO 2
REVISÃO DA LITERATURA

As cianobactérias são um grupo de microrganismos gram-negativos fotoautotróficos capazes de realizar a fotossíntese oxigenada (Whitton e Potts, 2002). As cianobactérias eram anteriormente classificadas como algas azuis-verdes devido ao seu aspeto de alga, à sua posse de clorofila em vez de bacterioclorofila e à sua produção fotossintética de oxigénio através de um processo de dois fotossistemas, como nas algas e nas plantas superiores. São estruturalmente diversas e estão amplamente distribuídas por todo o mundo. As cianobactérias são aquáticas e fotossintéticas, ou seja, vivem na água e podem fabricar o seu próprio alimento (Herrero *et al*, 2008).

O seu nome deve-se aos pigmentos que possuem, conhecidos como ficocianina, que são utilizados no processo de fotossíntese para captar a luz. Possuem pigmentos fotossintéticos como a clorofila a, os carotenóides, as xantofilas, a c-ficocianina azul e a c-ficoeritrina vermelha. A capacidade de produzir compostos biologicamente activos torna-as uma fonte rica de produtos naturais potencialmente úteis e alvos de programas de rastreio (Soltani *et al*, 2005; Ghasemi *et al*, 2003).

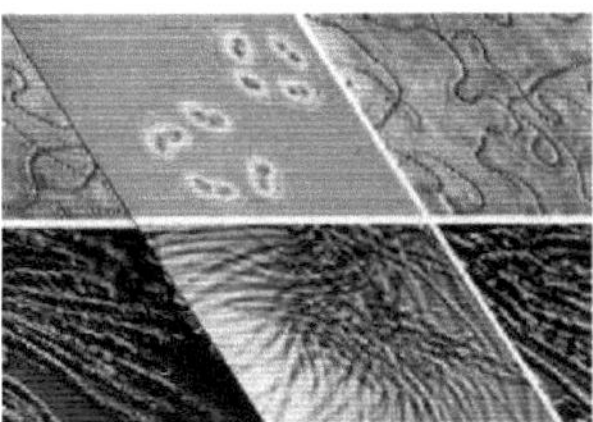

Figura 1: **Cianobactérias**

As cianobactérias são conhecidas principalmente pela sua resistência a uma variedade de condições ambientais extremas, como a dessecação e a privação de nutrientes. Não possuem flagelos para locomoção. A sua parede celular tem várias camadas. Encontram-se vacúolos de gás que possuem pequenas unidades microscópicas conhecidas como vesículas de gás. Os vacúolos regulam a flutuabilidade.

O heterocisto é uma parede espessa de tamanho grande que ocorre na posição lateral das cianobactérias. Estas paredes são permeáveis ao azoto e impermeáveis ao oxigénio. As cianobactérias são caracterizadas pela sua capacidade de realizar a fixação biológica do azoto e a fotossíntese do oxigénio. As suas células são maiores do que as células bacterianas normais.

Como todas as bactérias Gram-negativas, as células das cianobactérias estão rodeadas por duas membranas, uma interna e outra externa, com uma parede celular constituída por peptidoglicano. As cianobactérias existem geralmente sob a forma de florescências aquáticas. Normalmente, apenas uma ou algumas espécies de fitoplâncton estão envolvidas e alguns blooms podem ser reconhecidos pela descoloração da água resultante da elevada densidade de células pigmentadas. Embora não exista um limiar oficialmente reconhecido, pode considerar-se que as algas estão a florescer com concentrações de centenas a milhares de células por mililitro.

5

A capacidade de muitas cianobactérias para realizar tanto a fotossíntese como a fixação de azoto, juntamente com os seus mecanismos eficientes de absorção de nutrientes e a adaptação a baixas intensidades de luz, torna-as um sistema biológico altamente reprodutivo e eficiente. As cianobactérias são microrganismos importantes do ponto de vista ecológico e económico. Ecologicamente, contribuem significativamente para a produção primária de vários ecossistemas, especialmente de água doce e marinhos, e desempenham um papel significativo no ciclo do carbono, oxigénio e azoto (Waterbury *et al*, 1979).

Além disso, sabe-se que produzem compostos bioactivos farmacologicamente importantes (por exemplo, anti-bacterianos, anti-fúngicos, anti-cancerígenos, anti-virais, relaxantes musculares) e produtos de elevado valor comercial, como os ácidos gordos poli-insaturados (PUFA) (Tan, 2007; Skulberg, 2000; Eriksen, 2008).

As microalgas investigadas pelos ficologistas ao abrigo do Código Internacional de Nomenclatura Botânica (ICBN) (Greuter *et al.*, 1994) incluíam organismos de tipo celular eucariótico e procariótico. As algas azuis-verdes (Geitler, 1932) constituíam o maior grupo desta última categoria.

Evidência de cianobactérias antigas e sua ocorrência

As provas fósseis sugerem que as cianobactérias tiveram origem há mais de 3500 milhões de anos (Schopf, 1993, 1999, 2000). A incongruência entre o relógio molecular e as datas atribuídas aos fósseis gera controvérsia adicional (Doolittle *et al*, 1996). No entanto, continuam a ser encontradas mais provas que apoiam as datas de 3500 milhões de anos para as cianobactérias (Schopf *et al*, 2002).

Os microfósseis de cianobactérias antigas encontram-se predominantemente em macrofósseis chamados estromatólitos, estruturas que foram inicialmente formadas por comunidades de tapetes microbianos (Altermann *et al*, 2006).

A maioria das cianobactérias são fotoautotróficas aeróbias. Os seus processos vitais requerem apenas água, dióxido de carbono, substâncias inorgânicas e luz. A fotossíntese é o seu principal modo de metabolismo energético. No entanto, no ambiente natural, sabe-se que algumas espécies são capazes de sobreviver longos períodos em completa escuridão. Além disso, certas cianobactérias apresentam uma capacidade distinta de nutrição heterotrófica (Fay, 1965).

As cianobactérias são frequentemente as primeiras plantas a colonizar áreas nuas de rocha e solo. As adaptações, como os pigmentos da bainha que absorvem os raios ultravioleta, aumentam a sua aptidão no ambiente terrestre relativamente exposto. Muitas espécies são capazes de viver no solo e noutros habitats terrestres, onde são importantes nos processos funcionais dos ecossistemas e no ciclo dos elementos nutritivos (Whitton, 1992). Desenvolvem-se em água salgada, salobra ou doce, em fontes frias e quentes e em ambientes onde não podem existir outras microalgas.

A maior parte das formas marinhas (Humm e Wicks, 1980) crescem ao longo da costa como vegetação bentónica na zona entre as marcas de maré alta e baixa. As cianobactérias constituem uma grande componente do plâncton marinho com distribuição mundial (Gallon *et al.*, 1996).

As cianobactérias têm uma capacidade impressionante de colonizar substratos inférteis, como cinzas vulcânicas, areia do deserto e rochas (Dor e Danin, 1996). Outra caraterística notável é a sua capacidade de sobreviver a temperaturas extremamente altas e baixas. As cianobactérias são habitantes de fontes termais (Castenholz, 1973), riachos de montanha (Kann, 1988), lagos do Ártico e do Antártico (Skulberg, 1996a) e neve e gelo (Koi, 1968). As cianobactérias também formam associações simbióticas com animais e plantas. Existem relações simbióticas com, por exemplo, fungos, briófitas, pteridófitas, gimnospérmicas e angiospérmicas.

A formação evolutiva de um eucariota fotossintético pode ser explicada pelo facto de uma cianobactéria ser engolida e desenvolvida por um hospedeiro fagotrófico (Douglas, 1994). As cianobactérias estavam entre os organismos pioneiros do início da Terra (Brock 1973; Schopf, 1996). Estes microrganismos fotossintéticos foram, nessa altura, provavelmente os principais produtores primários de matéria orgânica e os primeiros organismos a libertar oxigénio elementar na atmosfera primitiva. A sequenciação do ácido desoxirribonucleico (ADN) forneceu provas de que os primeiros organismos eram termofílicos e, portanto, capazes de sobreviver em oceanos aquecidos por vulcões, fontes termais e impactos de bólides (Holland, 1997).

Estrutura e organização das cianobactérias

A estrutura e a organização das cianobactérias são estudadas com recurso a microscópios de luz e de electrões. A morfologia básica compreende formas filamentosas unicelulares, coloniais e multicelulares. As formas unicelulares, por exemplo na ordem *Chrococcales,* têm células esféricas, ovóides ou cilíndricas. Ocorrem isoladamente quando as células filhas se separam após a reprodução por fissão binária. As células podem agregar-se em colónias irregulares, sendo mantidas juntas pela matriz viscosa segregada durante o crescimento da colónia. Através de uma série mais ou menos regular de divisões celulares, combinadas com secreções de bainha, podem ser produzidas colónias mais ordenadas.

Muitas espécies de cianobactérias possuem vesículas de gás. Estas são inclusões citoplasmáticas que permitem a regulação da flutuabilidade e são estruturas cilíndricas cheias de gás. A sua função é dar às espécies planctónicas um mecanismo ecologicamente importante que lhes permite ajustar a sua posição vertical na coluna de água (Walsby, 1987). As vesículas de gás tornam-se mais abundantes quando a luz é reduzida e a taxa de crescimento abranda. O aumento da pressão de turgor das células, em resultado da acumulação de fotossintatos, provoca uma diminuição das vesículas de gás existentes e, por conseguinte, uma redução da flutuabilidade. As cianobactérias podem, através desta regulação da flutuabilidade, posicionar-se em gradientes verticais de factores físicos e químicos. Outros mecanismos de movimento ecologicamente significativos apresentados por algumas cianobactérias são o fotomovimento por secreção de lodo ou ondulações superficiais das células (Hader, 1987; Paerl, 1988). As cianobactérias constituem uma componente do fitoplâncton nos ecossistemas pelágicos. O género unicelular *Synechococcus* é uma das cianobactérias mais estudadas e geograficamente mais amplamente distribuídas no fitoplâncton. Foram registadas estirpes toxigénicas de *Synechococcus* (Skulberg *et al,* 1993).

Quadro 1: Os principais grupos de algas azuis-verdes:-

Section Rippka *et al.* (1979)	Basic morphology	Reproduction	Plane of division	Order (Family)	Representative genera
I	Unicellular or colonial	Binary fission	Single	*Chrococcales*	*Synechococcus, Gloeocapsa, Chroococcus, Synechocystis, Microcystis*
II	Unicellular or colonial	Budding multiple fission	Two or more	*Chamaesiphocales*	*Chamaesiphon, Dermocarpa, Dermocarpella, Chroococcidiopsis*
III	Filamentous, non differentiated	Tichome fragmentation, hormogonia	Single	*Nostocales (oscillatoriaceae)*	*Oscillatoria, Microcoleus, Spirulina, Pseudonobaena, Plectonema, Schizothrix*
IV	Filamentous, heterocystous	Tichome fragmentation, hormogonia, akinetes	Single	*Nostocales (nostocaceae)*	*Anabaena, Nostoc, Nodularia, Anabaenopsis, Cylindrospermum*
V	Branched filamentous, heterocystous	Tichome fragmentation, hormogonia, akinetes	Two or more	*Stigonematales*	*Mastigocoleus, Nostochopsis, Westiella, Fischerella, Stigonema, Nostochopsis*

Fotossíntese e cianobactérias

Pensa-se que a capacidade das cianobactérias para realizar a fotossíntese oxigenada converteu a atmosfera redutora primitiva numa atmosfera oxidante, o que alterou drasticamente a composição das formas de vida na Terra, estimulando a biodiversidade e levando à quase extinção dos organismos intolerantes ao oxigénio. As cianobactérias são responsáveis por 20-

30% da produtividade fotossintética da Terra e convertem a energia solar em energia química armazenada na biomassa a um ritmo de ~450 mm. As cianobactérias utilizam a energia da luz solar para realizar a fotossíntese, um processo em que a energia da luz é utilizada para dividir a água em oxigénio, fotões e electrões.

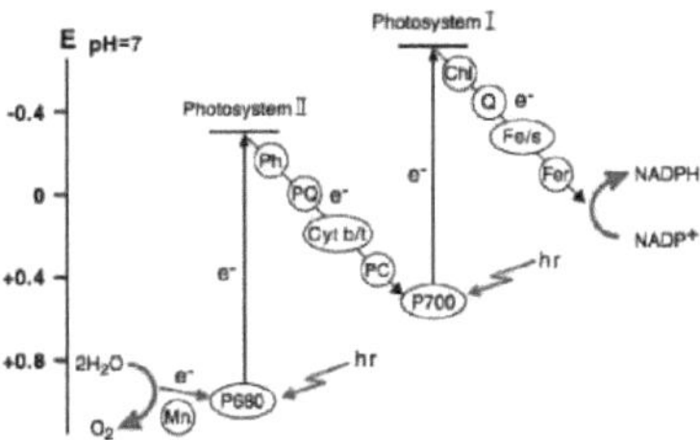

Figura 2: **Esquema em Z da fotossíntese em cianobactérias**

As cianobactérias obtêm a sua cor do pigmento azulado ficocianina, que utilizam para captar a luz para a fotossíntese. Na maioria das formas, a maquinaria da fotossíntese está integrada em dobras da membrana celular chamadas tilacóides. Durante a fotossíntese, as cianobactérias utilizam a água como dador de electrões e produzem oxigénio como subproduto, embora algumas utilizem também o sulfureto de hidrogénio, um processo que ocorre noutras bactérias fotossintetizantes. Considera-se que a grande quantidade de oxigénio na atmosfera foi criada pela atividade das antigas cianobactérias. Devido à sua capacidade de fixar o azoto em condições aeróbias, são frequentemente encontradas como simbiontes de vários outros grupos de organismos, como os fungos, as pteridófitas, etc. A fotossíntese de oxidação da água é realizada através do acoplamento da atividade dos fotossistemas (PS) I e II. Em condições aeróbias, são também capazes de utilizar apenas o PS-I (fosforilação cíclica) com um dador de electrões que não a água. Os componentes do ficobilissoma são responsáveis pela pigmentação azul-verde da maioria das cianobactérias. As variações desta pigmentação devem-se principalmente aos carotenóides e às ficoeritrinas, que conferem às células a cor vermelho-acastanhada. Em algumas cianobactérias, a cor da luz influencia a composição dos ficobilissomas.

Bloom de cianobactérias e formação de bloom

As cianobactérias produzem oxigénio e fixam o azoto, dois papéis essenciais para o nosso ambiente, mas também podem libertar toxinas mortais. Fazem-no especialmente quando formam florescências na água. Não se trata de uma floração, mas sim de cianobactérias que flutuam à superfície sob a luz solar intensa e se espalham. As cianobactérias florescem intensamente em águas superficiais eutróficas (lagos, reservatórios e rios lentos). Este processo natural de enriquecimento da produção biológica nos ecossistemas aquáticos é causado pelo aumento do nível de nutrientes, geralmente compostos de fósforo e azoto. Alguns lagos são naturalmente eutróficos, mas em muitas outras massas de água o excesso de nutrientes é de origem antropogénica, resultante da descarga de águas residuais municipais ou do escoamento de terras agrícolas. As florescências de cianobactérias são normalmente observadas durante a primavera *(Planktotrix rubescens, Limnotrix redekei)* ou durante o final do verão *(Microcystis aeruginosa, Aphanizomenon flosaquae, Planktotrix agardhii).* As flores podem ser azuis, verdes brilhantes, castanhas ou vermelhas e podem parecer tinta a flutuar na água.

Em determinadas condições, nomeadamente quando as concentrações de nutrientes são elevadas, estes organismos reproduzem-se exponencialmente. O enxame denso de fitoplâncton que daí resulta é designado por florescimento de algas, que pode cobrir centenas de quilómetros quadrados e pode ser facilmente observado em imagens de satélite. O fitoplâncton individual raramente vive mais do que alguns dias, mas os blooms podem durar semanas. Geralmente, estas florescências são inofensivas, mas se não forem, são designadas por florescências de algas nocivas, ou HAB. As HAB contêm toxinas ou agentes patogénicos que resultam na morte dos peixes e podem também ser fatais para os seres humanos.

Figura 3: **Florescimento de cianobactérias**

Factores que afectam a formação de florescências

As cianobactérias têm uma série de propriedades especiais que determinam a sua importância relativa nas comunidades fitoplanctónicas. No entanto, o comportamento dos diferentes taxa de cianobactérias na natureza não é homogéneo porque as suas propriedades ecofisiológicas diferem.

1. Intensidade da luz

Tal como as algas, as cianobactérias contêm clorofila a como pigmento principal para a captação de luz e a realização da fotossíntese. Contêm também outros pigmentos, como as ficobiliproteínas, que incluem a aloficocianina (azul), a ficocianina (azul) e, por vezes, a ficoeritrina (vermelha) (Cohen-Bazir e Bryant, 1982). Estes pigmentos captam luz na parte verde, amarela e laranja do espetro (500-650 nm), que é pouco utilizada por outras espécies de fitoplâncton. As ficobiliproteínas, juntamente com a clorofila a, permitem que as cianobactérias recolham a energia luminosa de forma eficiente e vivam num ambiente com apenas luz verde. Muitas cianobactérias são sensíveis a períodos prolongados de altas intensidades de luz. Exposições prolongadas a intensidades luminosas de 320 pE m-2 s-1 são letais para muitas espécies (Van Liere e Mur, 1980). No entanto, se expostas intermitentemente a esta intensidade luminosa elevada, as cianobactérias crescem ao seu máximo aproximado. As cianobactérias que formam florescências de superfície parecem ter uma maior tolerância a intensidades de luz elevadas (Paerl *et al*, 1983). A sua constante de manutenção é baixa, o que significa que necessitam de pouca energia para manter a função e a estrutura da célula (Gons, 1977; Van Liere *et al.,* 1979). Como resultado, as cianobactérias podem manter uma taxa de crescimento relativamente mais elevada do que outros organismos fitoplanctónicos quando as intensidades de luz são baixas. Com intensidades luminosas elevadas, a biomassa da alga verde aumentou rapidamente, provocando um aumento da turvação e uma diminuição da disponibilidade de luz. Este facto aumentou a taxa de crescimento da cianobactéria, que se tornou dominante ao fim de 20 dias. Embora as cianobactérias não possam atingir as taxas máximas de crescimento das algas verdes, em intensidades de luz muito baixas a sua taxa de crescimento é mais elevada.

2. Vesículas de gás

Muitas cianobactérias planctónicas contêm vacúolos gasosos (Walsby, 1981). Estas estruturas são agregados de vesículas cheias de gás, que são câmaras ocas com uma superfície exterior hidrofílica e uma superfície interior hidrofóbica. Uma vesícula de gás tem uma densidade de cerca de um décimo da densidade da água (Walsby, 1987), pelo que as vesículas de gás podem conferir às células cianobacterianas uma densidade inferior à da água.

3. Taxa de crescimento

A taxa de crescimento das cianobactérias é geralmente muito mais baixa do que a de muitas espécies de algas (Hoogenhout e Amesz, 1965; Reynolds, 1984). Taxas de crescimento lentas requerem longos tempos de retenção de água para permitir a formação de um florescimento de cianobactérias. Por conseguinte, as cianobactérias não florescem em águas com tempos de retenção curtos.

4. Fósforo e azoto

Dado que as florescências de cianobactérias se desenvolvem frequentemente em lagos eutróficos, partiu-se inicialmente do princípio de que necessitavam de concentrações elevadas de fósforo e azoto. Este pressuposto foi mantido apesar de as florescências de cianobactérias ocorrerem frequentemente quando as concentrações de fosfato dissolvido eram mais baixas. Para além da sua elevada afinidade com os nutrientes, as cianobactérias têm uma capacidade substancial de armazenamento de fósforo. No entanto, se se considerar o fosfato total em vez de apenas o fosfato dissolvido, as concentrações elevadas apoiam indiretamente as cianobactérias porque proporcionam uma elevada capacidade de carga para o fitoplâncton. Uma densidade elevada de fitoplâncton conduz a uma turbidez elevada e a uma baixa disponibilidade de luz, e as cianobactérias são o grupo de organismos fitoplanctónicos que melhor se desenvolvem nestas condições. Uma baixa relação entre as concentrações de azoto e de fósforo pode favorecer o desenvolvimento de florescências de cianobactérias.

5. Temperatura

A maioria das cianobactérias atinge taxas máximas de crescimento a temperaturas superiores a 25 °C. As temperaturas óptimas são mais elevadas do que para as algas verdes e as diatomáceas. Esta é a razão pela qual a maioria das cianobactérias floresce durante o verão.

Efeitos nocivos da proliferação de cianobactérias

- Os aspectos nocivos destes blooms num contexto ambiental começam com a perda de clareza da água, que suprime as macrófitas aquáticas e afecta negativamente os habitats dos invertebrados e dos peixes (Paerl, 2012).
- A depleção bacteriana de florescências moribundas pode levar à depleção de oxigénio (hipoxia e anoxia) e à subsequente morte de peixes.
- Os florescimentos densos podem bloquear a luz solar e consumir todo o oxigénio da água, matando todas as plantas e animais.

- Algumas cianobactérias que podem formar florescências produzem toxinas que se encontram entre os venenos naturais mais potentes que se conhecem. Estas florescências podem deixar doentes as pessoas, os seus animais de estimação e outros animais. As crianças correm um risco maior do que os adultos de ficarem doentes devido às florescências porque pesam menos e podem receber uma dose relativamente grande de toxina.
- Estas florescências podem fazer com que a água potável tenha um cheiro e um sabor desagradáveis.
- Estas flores podem tornar as zonas de lazer desagradáveis.
- As cianobactérias são bem conhecidas por produzirem metabolitos secundários que, se forem tóxicos, podem causar intoxicação aguda grave em mamíferos (incluindo os seres humanos), afectando os sistemas hepatopancreático, digestivo, endócrino, dérmico e nervoso (Paerl, 2012).

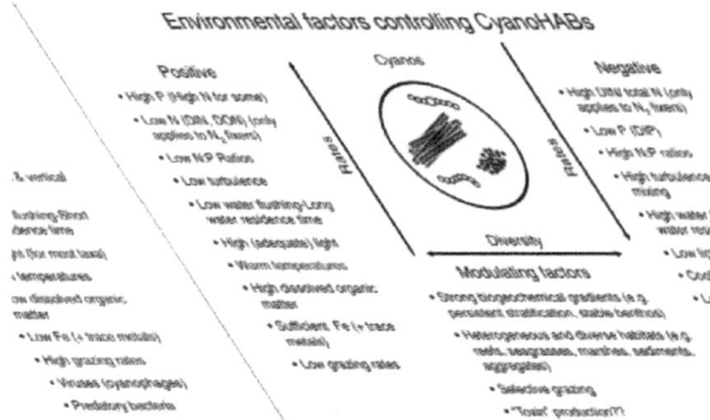

Figura 4: **Factores que influenciam o potencial das CyanoHABs no ecossistema**
(http ://www.unc. edu/ims/paerllab/research/cyanohabs/me2013 .pdf)

Metabolitos secundários

As cianobactérias produzem cianotoxinas, que são os metabolitos secundários. Habitam uma série de habitats diversos e extremos e têm potencial para produzir uma gama elaborada de metabolitos secundários com estruturas invulgares e uma bioatividade potente. Podem acumular-se noutros animais, como peixes e crustáceos, e causar intoxicações, como a intoxicação por crustáceos (Rinehart *et al,* 1996). Esta classe inclui hepatotoxinas (microcistinas e nodularinas), neurotoxinas (saxitoxina e anatoxinas) e toxinas irritantes (lipopolissacarídeos). No ambiente aquático, estas toxinas estão geralmente contidas principalmente nas células das cianobactérias e são libertadas em quantidades substanciais durante a lise celular (Sivonen e Jones, 1999). Outra classe importante inclui as fitohormonas (IAA, citocininas e giberelinas) e os quelantes de ferro (anachelin e schizokinen) que, para além de exercerem um efeito profundo na produtividade do ecossistema, têm também potencial para serem utilizados como medicamentos para o tratamento da toxicidade persistente dos metais.

Os metabolitos secundários das cianobactérias estão associados a efeitos tóxicos, hormonais, antineoplásicos e antimicrobianos. Os metabolitos secundários incluem uma gama de compostos que apresentam toxicidade animal e actividades antibacterianas, anticoagulantes, antifúngicas, anti-inflamatórias, antimaláricas, antivirais, antitumorais e citotóxicas. A estrutura química das cianotoxinas divide-se em três categorias: Peptídeos cíclicos, alcalóides e policetídeos.

Figura 5: **Metabolitos secundários de cianobactérias**

Quadro 2: **Toxinas de cianobactérias, sua estrutura e alvos**

Structure	Cyanotoxin	Primary target organ (in mammals)	Cyanobacteria genera
Cyclic peptides	Microcystins	Liver	*Microcystis, Anabaena, Planktothrix, Nostoc*
	Nod	Phycocyanin pigment under study for my research project	
Alkaloids	Anatoxin-a	Nerve synapse	*Anabaena, Planktothrix, Aphanizomenon*
	Cylindrospermopsins	Liver	*Cylindrospermopsis, Aphanizomenon, Umez*
	Saxitoxins	Nerve axons	*Anabaena, Aphanizomenon, Lyngbya, Cylind*
	Lyngbyatoxin-a	Skin, gastro-intestinal tract	*Lyngbya*
	Lipopolysaccharides		Potential irritant, affects any exposed tissue
Polyketides	Aphlysiatoxins	Skin	*Lyngbya, Schizothrix, Planktothrix*

Toxinas de cianobactérias

Sabe-se que vários géneros de cianobactérias, como *Microcystis, Anabaena, Nostoc, Oscillatoria, Cylindrospermopsis* e *Nodularia,* produzem toxinas. Com base nos seus objectivos toxicológicos, as toxinas de cianobactérias podem ser classificadas nos seguintes grupos

- **Hepatotoxinas -** As hepatotoxinas são substâncias químicas tóxicas produzidas no interior das células e libertadas na água circundante após a morte celular. Entre as hepatotoxinas incluem-se os péptidos cíclicos representados por dois grupos de cianotoxinas: as microcistinas e as nodularinas. Estas são produzidas principalmente pelos géneros *Microcystis, Anabaena, Nostoc e Umezakia* (Carmichael, 1994, 1997). As microcistinas receberam o seu nome do primeiro organismo que foi descoberto a produzi-las, *Microcystis aeruginosa*. Existem cerca de 60 variantes conhecidas de microcistina, e várias delas podem ser produzidas durante uma floração. São péptidos cíclicos e podem ser muito tóxicos para as plantas e os animais, incluindo os seres humanos. Bioacumulam-se no fígado dos peixes e no hepatopâncreas dos mexilhões. As toxinas mais comuns presentes nas florações de cianobactérias em águas doces e salobras são as toxinas peptídicas cíclicas da família das nodularinas. As nodularinas são heptotoxinas potentes e podem causar lesões graves no fígado (Chorus *et al*, 2000; Codd, 2000). As microcistinas diferem das nodularinas no que respeita ao teor de aminoácidos.

- **Citotoxina** - A citotoxina é uma substância química que tem um efeito tóxico nas células e ataca apenas um tipo específico de células ou órgãos, em vez de todo o corpo, podendo destruir uma célula de várias formas: uma é a necrose, na qual a célula perde a integridade da sua parede membranar e colapsa, enquanto a outra é a apoptose. Uma citotoxina altamente tóxica é um alcaloide tricíclico, que possui uma porção tricíclica de guanidina. A citotoxina bloqueia a síntese proteica (Chorus *et al*, 2000). Os primeiros sintomas clínicos de envenenamento são insuficiência renal e hepática, causando também danos no baço, intestino, coração e timo (Chorus *et al*, 2000; Codd, 2000). Inibem a síntese proteica e modificam covalentemente o ADN e o ARN.
- Neurotoxinas - As neurotoxinas são substâncias químicas que inibem a função dos neurónios. Nalguns casos, simplesmente danificam os neurónios de modo a que não possam funcionar corretamente. Outras atacam as capacidades de sinalização dos neurónios, bloqueando a libertação de vários químicos. São produzidas por espécies e estirpes dos géneros *Anabaena, Nostoc, Oscillatoria, Aphanizomenon*. (Carmichael, 1990; Sivonen *et al*, 1989). Várias neurotoxinas são - Anatoxina-a, Saxitoxina (Skulberg *et al*, 1992). As anatoxinas são conhecidas como factores de morte muito rápida. Actuam diretamente nas células nervosas (neurónios) como uma neurotoxina. Os sintomas da exposição à anatoxina-a são a perda de coordenação, os tremores, as convulsões e a morte rápida por paralisia respiratória (Bartram, 1999).
- **Toxinas irritantes** - De um modo geral, os lipopolissacáridos são um componente integral da parede celular de todas as bactérias gram-negativas, incluindo as cianobactérias. Podem provocar respostas irritantes e alergénicas nos tecidos humanos e animais que entram em contacto com estes compostos (Chorus, 1999). Podem causar gastroenterite e inflamação (Bell e Codd, 1996).

Efeitos das cianotoxinas na saúde

- Muitas estirpes e espécies de cianobactérias produzem compostos tóxicos que podem causar grandes problemas no abastecimento de água para fins recreativos e de consumo, provocando a morte de animais e a intoxicação humana. A presença de níveis elevados de cianotoxinas na água pode causar uma vasta gama de sintomas nos seres humanos, incluindo febre, dores de cabeça, dores articulares e musculares, cólicas estomacais, diarreia, vómitos, úlceras na boca e reacções alérgicas. Em casos graves, podem ocorrer convulsões, insuficiência hepática, paragem respiratória e, em alguns casos, morte (raro).

- Prevê-se que a exposição a toxinas de cianobactérias influencie tanto a morbilidade como a mortalidade (Falconer, 2001). Por exemplo, foi demonstrado que o consumo oral a longo prazo de toxinas *de Microcystis* por ratos causa lesões hepáticas crónicas activas e, ao mesmo tempo, aumenta a mortalidade por doenças respiratórias (Falconer *et al,* 1998).

- Bloqueiam as ligações entre os músculos e os nervos e causam a morte por paralisia respiratória. De facto, a anatoxina, uma molécula semelhante à cocaína, provoca a morte em 1-4 minutos e de forma tão violenta que foi inicialmente designada por "fator de morte muito rápida". (Carmichael, 1994).

- Provoca espasmos e cãibras musculares, fadiga e paralisia, convulsões e morte por asfixia.

- As hepatoxinas como as microcistinas ("fator de morte rápida") e as nodularinas causam danos no fígado, incluindo aumento, congestão, necrose e hemorragia (Carmichael, 1994).

- As nerurotoxinas podem interferir com o funcionamento do sistema neuromuscular. A paralisia dos músculos esqueléticos periféricos e dos músculos respiratórios provoca a morte em poucos minutos.

- As cianobactérias também produzem algumas toxinas menos perigosas que podem causar danos horríveis na pele das pessoas.

Quadro 3: **Toxinas de cianobactérias e seus efeitos nocivos**

Cyanotoxin	Number of known variants	Primary organ affected	Health effects	Most common Cyanobacteria producing toxins
Microcystin- LR	80-90	Liver	Abdominal pain Vomiting and diarrhea Liver inflammation and hemorrhage Acute pneumonia Kidney damage Potential tumor growth Acute dermatitis	*Microcystis* *Anabaena* *Planktothrix* *Aphanizomenon*

Cylindrospermopsin	3	Liver		*Cylindrospermopsis*
				Anabaena
				Lyngbya
				Rhapidiopsis
				Umezakia
Anatoxin- a group	2-6	Nervous system	Tingling, burning, numbness, drowsiness, incoherent speech, respiratory paralysis leading to death	*Anabaena*
				Oscillatoria
				Cylindrospermopsis
				Planktothrix
				Aphanizomenon

FICOCIANINA

A ficocianina é um complexo pigmento-proteína da família das ficobiliproteínas que captam a luz, juntamente com a aloficocianina e a ficoeritrina. A *ficocianina* deriva da palavra grega *phyco*, que significa "algas", e *a cianina* deriva da palavra inglesa "cyan", que significa um tom de azul-esverdeado (próximo de aqua) e deriva da palavra grega "kyanos", que significa uma cor algo diferente: "azul-escuro". A ficocianina ocorre como a principal ficobiliproteína em muitas cianobactérias e como uma ficobiliproteína secundária em algumas algas vermelhas. O pigmento tem um único máximo de absorção visível entre 615 e 620 nm e um máximo de emissão de fluorescência a ~650 nm. Desempenha várias funções importantes: estimula os sistemas nervoso e imunitário, ajuda a digerir melhor as substâncias recebidas com os alimentos e impede o crescimento de células tumorais (Falconer, 1999). É um pigmento acessório da clorofila. Todas as ficobilipoproteínas são solúveis em água, pelo que não podem existir no interior da membrana como os carotenóides, mas agregam-se para formar grupos que aderem à membrana chamados ficobilissomas.

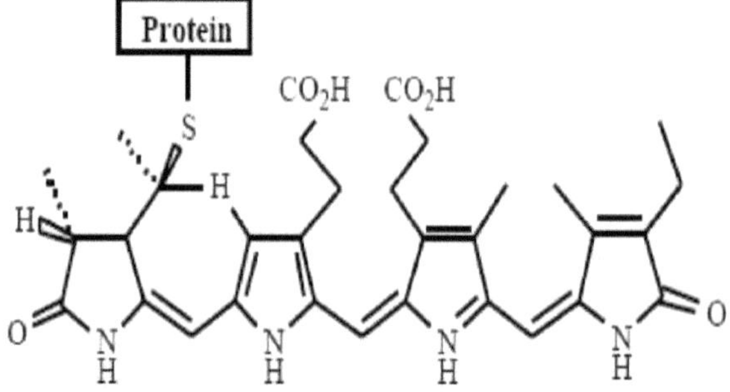

Figura 5: **Estrutura da ficocianina**

A ficocianina é composta por duas subunidades proteicas alfa (α) e beta (β) dissimilares que ocorrem em igual número. Um cromóforo de bilina está ligado a uma subunidade (alfa 84) e dois à subunidade β (beta 84, beta 155). A ficocianina está localizada no sistema tilacoide ou lamelas fotossintéticas na membrana citoplasmática. Quando o envelope é quebrado, a membrana tilacoide e a ficocianina são libertadas. A quantidade relativa de cada espécie foi descrita como sendo função do pH, da força iónica, da temperatura e da concentração de proteínas (Cohen-Bazire, G, & Bryant, D.A. 1982). A ficocianina é constituída por um anel de tetrapirrol, que é um cromóforo, ligado à apoproteína por uma ligação tioéter.

Caraterísticas:

- A ficocianina é um pigmento de cor azul que pertence à classe das proteínas de ficobilina encontradas nas algas verde-azuladas.
- Encontraram numerosas aplicações na indústria farmacêutica e na indústria alimentar e de bebidas. É utilizado principalmente nesta última como um agente corante natural.
- Têm um grande potencial como marcador fluorescente e como antioxidante na indústria da saúde.
- Possuem propriedades imunitárias e antivirais significativas. O seu reforço da atividade de defesa biológica contra as doenças infecciosas reduz a inflamação das alergias através da supressão do anticorpo IgE específico do antigénio.
- Tem uma propriedade anticancerígena única e uma molécula preventiva do cancro que tem um excelente perfil de desempenho com base na investigação. É uma molécula natural, solúvel em água e não tóxica, com potentes propriedades anti-oxidantes e anti-inflamatórias. Apoia igualmente o forte perfil citoprotector, hepatoprotector e neuroprotector da ficocianina (Romay *et al,* 2003; Vadiraja *et al,* 1998).

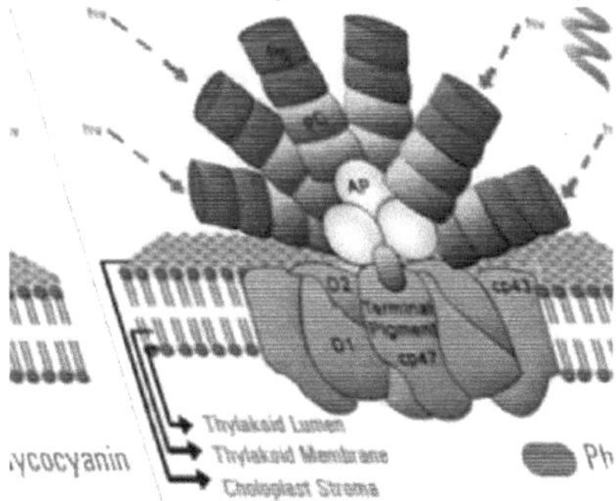

Figura 6: Estrutura da ficocianina incorporada nos ficobilissomas

Ficocianina e saúde humana

- **Anti-inflamatório** - A atividade anti-inflamatória da ficocianina, tanto *in vivo* como *in vitro*, foi referida como ocorrendo por inibição da atividade da ciclo-oxigenase-2 (COX-2) ou por inibição da agregação plaquetária (Romay *et al,* 2003). A ficocianina reduziu o edema, a libertação de histamina, a atividade da mieloperoxidase e os níveis de prostaglandina e leucotrieno nos tecidos inflamados. Estes efeitos anti-inflamatórios da ficocianina podem dever-se às suas propriedades de eliminação das espécies reactivas de oxigénio (ROS) e aos seus efeitos inibidores da atividade da cicloxgenase-2 (COX-2).

- **Atividade anti-oxidante -** o efeito mais amplamente estudado é a sua capacidade anti-oxidante e a sua capacidade de eliminação de radicais livres (Romay *et al,* 1998). Este potencial é atribuído à sua porção de ficobilisoma (cromóforo) (Patel *et al,* 2006) que apresenta um elevado grau de conjugação de ligações duplas que estabiliza os radicais livres e parcialmente à sua contraparte apoproteica. Os ROS estão envolvidos numa diversidade de processos importantes em medicina, incluindo inflamação, aterosclerose, cancro, lesão de reperfusão, etc. Deste modo, protegem as células de danos que previnem ou diminuem a gravidade das doenças.
- **Atividade hepatoprotectora -** Pensa-se que a peroxidação lipídica mediada por ROS é uma causa importante de destruição e danos nas membranas celulares. A ficocianina é um inibidor seletivo da COX-2, que inibe significativamente a peroxidação lipídica microssomal hepática, protegendo assim o fígado ao prevenir o stress oxidativo nos hepatócitos, actuando como molécula hepatoprotectora. A ficocianina inibe igualmente a peroxidação lipídica microssomal induzida pelo Fe^{2+} - ácido ascórbico ou pelo iniciador de radicais livres cloridrato de 2,2 'azobis (2-amidinopropano) (AAPH). Além disso, reduz a peroxidação lipídica induzida pelo tetracloreto de carbono (CCL4). Sabe-se também que a inibição da COX-2 pela ficocianina está envolvida no seu efeito hepatoprotector nas lesões hepáticas induzidas pelo CCL4.
- **Neuroprotecção -** As propriedades imunomoduladoras, as actividades anti-inflamatórias e antioxidantes contribuem para os efeitos neuroprotectores da ficocianina
- **Desintoxicação e expressão enzimática -** As ficocianinas aumentam a expressão de enzimas e bioquímicos essenciais relacionados com a função equilibrada do fígado e dos rins. As ficocianinas modulam as actividades de Cyt P-450, Superóxido Dismutase, Catalases, Alanina Transaminases, Aspartato Transaminase.
- **Papel da ficocianina no sistema imunitário -** A ficocianina demonstrou potenciais benefícios terapêuticos para melhorar as funções imunitárias enfraquecidas causadas pela utilização de medicamentos tóxicos. A ficocianina demonstrou um aumento da proliferação e diferenciação das células hematopoiéticas da medula óssea, aumentando assim os níveis de várias citocinas como IL-1β, IFN-g, GMCSF e IL-3.

Utilizações e aplicações da ficocianina

- A ficocianina é utilizada como corante em géneros alimentícios como geleias, gomas de mascar, banhos de gelo e produtos lácteos.
- A ficocianina é também utilizada em cosméticos como batom e delineadores de olhos.
- A ficocianina é utilizada em aplicações de diagnóstico imunitário.
- A ficocianina é utilizada na investigação biomédica e nas indústrias farmacêuticas.
- A ficocianina é um dos principais pigmentos de captação de luz das cianobactérias.
- A ficocianina ganhou importância em muitas aplicações biotecnológicas na ciência alimentar, terapia, diagnóstico imunitário, cosmética e processos farmacológicos.
- Estudos recentes demonstraram a existência de propriedades antioxidantes, antimutagénicas, antivirais, anticancerígenas, antialérgicas, imunitárias,

hepatoprotectoras, relaxantes dos vasos sanguíneos, neuroprotectoras, eliminadoras de radicais e anti-inflamatórias. Doenças como Alzheimer e Parkinson também podem ser tratadas com ficocianina.

- Os produtos químicos utilizados nas primeiras fases da biologia molecular, como o brometo de etídio, são perigosos do ponto de vista biológico, caros e cancerígenos. Durante os últimos séculos, a ciência explorou muitos recursos naturais ocultos e abriu um grande mercado para as indústrias químicas. Por isso, era desejável encontrar novos produtos químicos que fossem económicos e seguros de manusear.
- A C-Pc contém múltiplos grupos prostéticos cromóforos, que são responsáveis pelas propriedades fluorescentes destas proteínas. A utilização de ficobiliproteínas no diagnóstico está a ser encarada como um substituto dos flurocromos orgânicos.

Atividade antimicrobiana da C-ficocianina

As cianobactérias são um grupo de organismos muito antigo e representam relíquias da vegetação fotoautotrófica mais antiga do mundo que ocorre em água doce. As cianobactérias têm atraído muita atenção como fontes prospectivas e ricas de constituintes biologicamente activos e têm sido identificadas como um dos grupos de organismos mais promissores para a produção de compostos bioactivos. As cianobactérias são conhecidas por produzirem metabolitos com diversas actividades biológicas, tais como actividades antibacterianas, antifúngicas, antivirais, anticancerígenas e imunossupressoras.

A atividade antimicrobiana pode ser definida como a atividade dos micróbios que retarda ou inibe o crescimento de outros micróbios numa concentração muito reduzida. A atividade antimicrobiana dos micróbios foi determinada pela primeira vez por Alexander Fleming, por acaso, quando descobriu a penicilina. As substâncias antimicrobianas envolvidas podem ter como alvo vários tipos de microrganismos, procariotas e eucariotas. Os efeitos antimicrobianos dos extractos aquosos e de solventes orgânicos de cianobactérias são visualizados em bioensaios utilizando moléculas selecionadas. Os métodos habitualmente aplicados baseiam-se no principal método de difusão em ágar, utilizando a placa de espalhamento ou o método de estrias. Os efeitos antimicrobianos são apresentados como zonas visíveis de inibição do crescimento. Descobriu-se que um grande número de extractos de microalgas e cianobactérias e de produtos extracelulares têm atividade antibacteriana ou antifúngica.

Modo de ação

A atividade antimicrobiana é o efeito antagonista exercido pelos micróbios sobre outras espécies vivas. As cianobactérias têm tendência para produzir metabolitos secundários que impedem o crescimento das bactérias. A propriedade antimicrobiana destes micróbios deve-se à sua excelente perspicácia para produzir metabolitos secundários que impedem o crescimento de bactérias. Impedem o crescimento de micróbios das seguintes formas:

- Ao inibir a síntese proteica
- Dificultar a síntese de actividades metabólicas, a integridade da parede celular
- Ao interferir com os nutrientes de crescimento

- Rutura da parede celular dos micróbios

Figura 7: **Modo de ação**

OBJECTIVO

O presente estudo centra-se na atividade da C-ficocianina como agente antimicrobiano e na sua capacidade de travar o crescimento de bactérias e fungos. O meu projeto está dividido nas seguintes secções:

- Inoculação de células de cianobactérias
- Colheita de células de cianobactérias
- Preparação de extractos de cianobactérias
- Verificação do efeito destes extractos nas estirpes bacterianas e análise da sua propriedade antimicrobiana

No presente estudo, o biopigmento, C-ficocianina, foi extraído e cultivado em ambiente controlado. Os compostos extraídos foram testados contra o agente patogénico fúngico *Aspergillus niger* e a estirpe bacteriana: *Escherichia coli*. No caso das bactérias, foi preparado um disco de antibiótico com estreptomicina, que serviu de controlo positivo. O medicamento antifúngico utilizado foi

O flucazonal e a gentamicina serviram de controlo positivo no caso da estirpe fúngica. Os discos de papel de filtro foram saturados com extractos de C-ficocianina e colocados em placas de meio Sabouraud para fungos, que foram inoculadas com um relvado de *Aspergillus niger* e colocadas em placas de meio Nutrient agar para bactérias, que foram inoculadas com um relvado de *E.coli*, sob uma cabina de fluxo de ar laminar. As placas bacterianas foram incubadas a 37°C sob incubadora durante um período de 18-24 horas e as placas fúngicas foram incubadas à temperatura ambiente de cerca de 25°C durante 24-48 horas. Os extractos e sobrenadantes contendo componentes antibacterianos e antifúngicos produziram zonas de inibição distintas, claras e circulares à volta dos discos e os diâmetros das zonas claras foram determinados e utilizados como uma indicação da atividade antibacteriana e antifúngica (Ghasemi *et al,* 2003).

Figura 8: **Fluxograma da metodologia**

CAPÍTULO 3
INTRODUÇÃO E PURIFICAÇÃO DE CIANOBACTÉRIAS

As cianobactérias são procariontes fotoautotróficos capazes de realizar simultaneamente a fotossíntese e a fixação do azoto. Tem a capacidade de sintetizar clorofila a, uma vez que durante a fotossíntese a água actua como dador de electrões, levando à evolução do oxigénio. São um grupo de microrganismos gram-negativos (Whitton e Potts, 2002). Estes microrganismos antigos têm necessidades mínimas de nutrientes (Schopf, 1993, 2003, 2006). São capazes de fixar dióxido de carbono e utilizar a luz como fonte de energia e a água como dador de electrões (Stal, 2003).

As cianobactérias podem ser encontradas em quase todos os habitats terrestres e aquáticos, nos oceanos, na água doce e até em rochas nuas e no solo. As cianobactérias possuem também propriedades terapêuticas e a presença de compostos anti-oxidantes como os fenólicos (Richmond, 1990).

São um dos poucos grupos de organismos que podem converter o azoto atmosférico inerte numa forma orgânica, como o nitrato ou o amoníaco. As cianobactérias possuem algumas caraterísticas de adaptação únicas (fisiológicas, morfológicas e ecológicas) que resultam na sua floração quando as condições são favoráveis.

As cianobactérias são benéficas para a saúde devido à sua composição química, que inclui compostos como aminoácidos essenciais, vitaminas e pigmentos naturais como a ficocianina e a ficoeritrina. Nalgumas condições, a elevada concentração destes pigmentos conduz à cor azulada dos organismos. As substâncias antimicrobianas envolvidas podem ter como alvo vários tipos de microrganismos, tanto procariotas como eucariotas. Descobriu-se que um grande número de cianobactérias tem atividade antibacteriana e antifúngica. As cianobactérias marinhas estão a emergir como um recurso interessante para a descoberta de novas classes de terapêuticas.

<u>Materiais necessários:</u>

1. **Extractos de cianobactérias do ano anterior**

Figura 7: **Extractos de cianobactérias do ano anterior.**

2. **Culturas do ano anterior de estirpes de cianobactérias** *(Anabaena variabilis e Synechococcus elongates).*

*A **Anabaena variabilis*** é uma espécie de cianobactéria filamentosa. São capazes de realizar fotossíntese, fixar azoto do ambiente e também produzir hidrogénio. Esta espécie é também conhecida por ser heterotrófica, na medida em que pode crescer sem luz na presença de frutose. Pode converter o dinitrogénio atmosférico em amoníaco através da fixação de azoto. Contém dois cluters de genes, nif 1 e nif 2, que codificam a Mo-nitrogenase. Tem também outro grupo de genes, vnf, que codifica a V-Fe cofator nitrogenase. Cada uma das nitrogenases é activada em condições diferentes, permitindo o funcionamento das cianobactérias. É também um dos poucos organismos procarióticos que contém a enzima fenilalanina amoníaco liase (PAL), que ajuda a desaminar a fenilalanina em cinamato. É amplamente estudado porque também passa por um processo em que produz gás hidrogénio utilizando a luz solar. Este processo poderia constituir uma fonte de energia reutilizável.

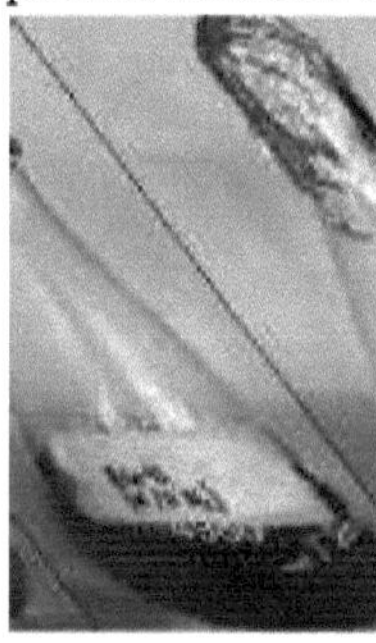

Frasco com cultura de *Anabaena variabilis*

Synechococcus elongates é uma cianobactéria unicelular que está amplamente disseminada no ambiente marinho. O seu tamanho varia de 0,8µm a 1,5pm. A microscopia eletrónica revela frequentemente a presença de inclusões de fosfato, grânulos de glicogénio e, mais importante ainda, carboxissomas altamente estruturados.

Embora algumas sejam capazes de crescimento fotoheterotrófico ou mesmo quimioheterotrófico, todas as estirpes marinhas de *Synechococcus* parecem ser fotoautotróficas obrigatórias, capazes de satisfazer as suas necessidades de azoto utilizando nitrato, amoníaco ou, em alguns casos, ureia como única fonte de azoto (Moore, 1996). O principal pigmento fotossintético é a clorofila a, enquanto os principais pigmentos acessórios são as ficobiliproteínas (Glazer, 1989). As quatro ficobilinas normalmente reconhecidas são: Ficocianina, aloficocianina, aloficocianina-B e ficoeritrina.

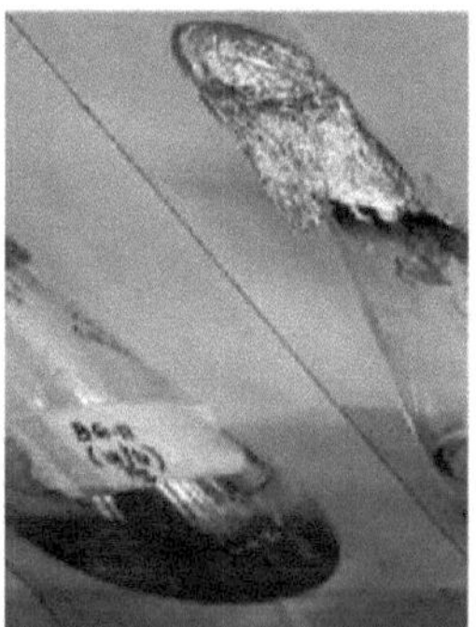

Frasco com cultura de *Synechococcus elongates*.

3. **Foram utilizados extractos de cianobactérias obtidos a partir da cultura antiga.**

4. Cultura de cianobactérias recentemente preparada

A cultura do ano anterior foi utilizada para a preparação de uma cultura fresca de cianobactérias. A cultura foi inoculada no meio BG-11 recentemente preparado.

Tabela 4: **Composição do suporte BG-11**

S.No.	COMPONENTS	QUANTITY (gm/lt)
1	K_2HPO_4	0.040
2	$MgSO_4.7H_2O$	0.075
3	$CaCl_2.2H_2O$	0.036
4	Citric Acid	0.006
5	Ferric Ammonium Citrate	0.006
6	EDTA	0.001
7	Na_2CO_3	0.020
8	$NaNO_3$	1.500
9	Trace metal mix	1 ml
10	Distilled water	1000ml

Mistura de metais vestigiais

S.No.	COMPONENTS	QUANTITY
1	H_3BO_3	5.720
2	$MnCl_2.4H_2O$	3.620
3	$ZnSO_4.7H_2O$	0.444
4	$Na_2MoO_4.2H_2O$	6.780
5	$CuSO_4.5H_2O$	0.158
6	$Co(NO_3)_4.6H_2O$	0.099

O meio BG-11 foi preparado de acordo com a composição. Esterilizado em autoclave a uma temperatura de 121°C durante 20 minutos. As células foram cultivadas em lotes de 250 ml em frascos erylenmeyer de 500 ml. O meio BG-ll é utilizado para o cultivo de cianobactérias. Foram preparados dois tipos de meios

a) Com azoto (meio positivo)

b) Sem azoto (meio negativo), sem nitrato de sódio

Omitir NaNO3 nos meios utilizados para a cultura de cianobactérias heterocistos, por exemplo, Nostoc, Anabaena, a fim de manter a sua capacidade de continuar a produzir heterocistos.

- As células foram inoculadas no meio BG-11 em armários de fluxo de ar laminar. As culturas foram mantidas num agitador durante 24 horas a 27°C para permitir o arejamento e a agitação adequados e facilitar o crescimento das células.

- Os frascos cultivados foram então mantidos durante 2 dias ao abrigo da luz solar.

- Posteriormente, a cultura foi mantida em condições de obscuridade à temperatura ambiente durante 2 dias.

- A cultura foi mantida à temperatura ambiente no laboratório.

Figura 11: Cultura *de Anabaena variabilis*

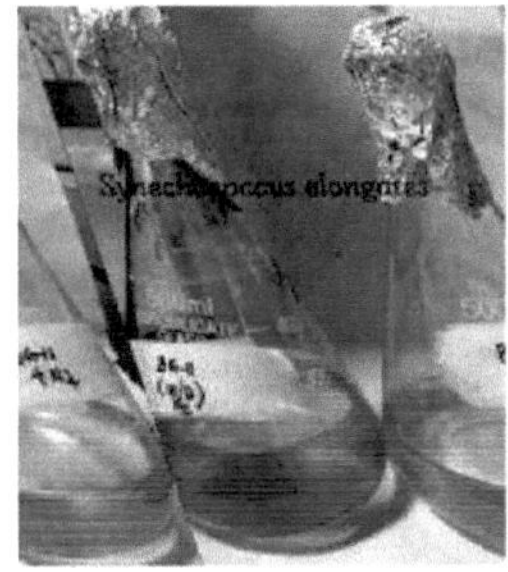

Figura 12: **Cultura de *Synechococcus elongates***

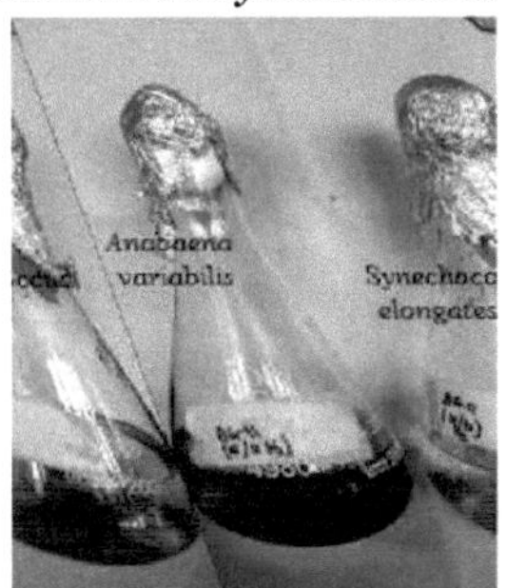

Figura 13: **Meios negativos para culturas de *Anabaena variabilis* e *Synechococcus elongates***

5. Os extractos foram preparados a partir de culturas recentes de cianobactérias

Quadro 5: **Densidades ópticas de *Synechococcus elongates* e *Anabaena variabilis* após determinados intervalos**

Days after inoculation	Optical densities at 660nm	
	S.elongates	*A.variabilis*
0 day	0.706±0.05	0.283±0.02
5th day	1.210±0.10	1.148±0.21
10th day	1.380±0.14	1.283±0.10
15thday	1.529±0.12	1.624±0.13
20thday	1.490±0.09	1.707±0.12

25thday	1.370±0.10	1.698±0.13
30thday	1.000±0.09	1.234±0.11

Gráfico 1: **Curva de crescimento de *S.elongates* e *A.variabilis***

A curva de densidade ótica mostrou que, durante os primeiros cinco dias, as células de cianobactérias passaram pela fase de latência e foi observado um crescimento menor na cultura. Mas nos cinco dias seguintes o crescimento de *S.elongates* e *A.variabilis* é bastante maior. Mas entre 15-20 dias de incubação, *S.elongates* mostrou um crescimento mais rápido nos meios de cultura. Após 25th dias, a taxa de crescimento de ambas as espécies de cianobactérias diminuiu.

No caso da *A.variabilis,* o crescimento começa após o dia 5th . Existe uma pequena fase de registo na *Anabeana*, isto é, entre 5th e o dia IS^. Durante esta fase, o crescimento é bastante maior. Após 15th dias, as células entram na fase estacionária, na qual não se observa crescimento nem morte. A fase estacionária existe entre 15th e 25th dia. Depois disso, as células entram na fase de morte, na qual as células podem morrer devido ao esgotamento dos nutrientes.

CAPÍTULO 4

PREPARAÇÃO DE EXTRACTOS ANTIMICROBIANOS

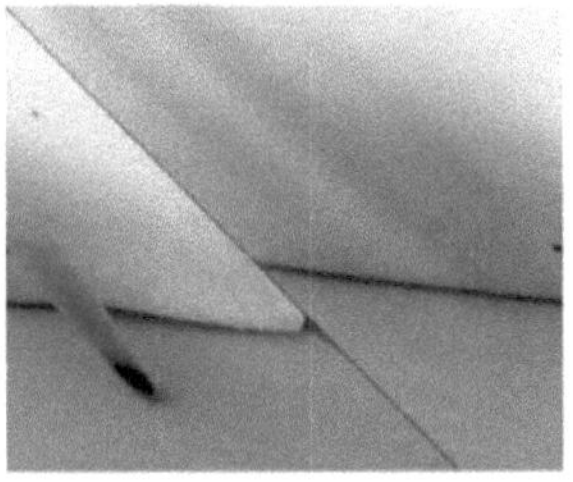

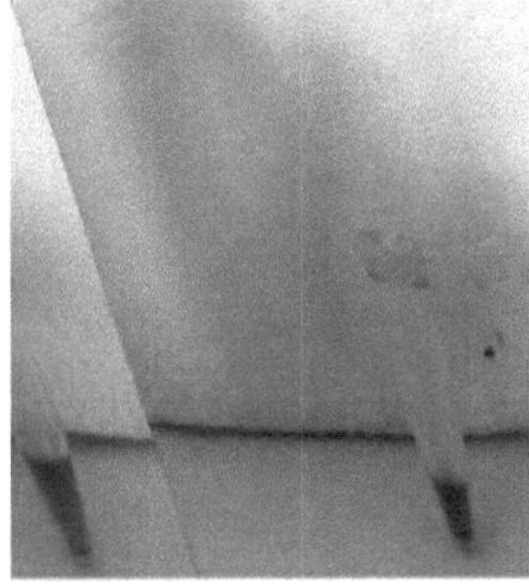

Colheita de células de cianobactérias

- As células cultivadas ou em cultura nos frascos foram transferidas para um tubo de centrifugação sob fluxo de ar laminar.
- A colheita foi efectuada com uma centrifugadora. As células transferidas foram centrifugadas com uma centrifugadora de mesa à velocidade máxima até o pellet de células se separar do sobrenadante.
- O sobrenadante foi eliminado num copo sob fluxo de ar laminar e o sedimento foi recolhido em tubos Falcon.
- Os tubos de falcão foram então armazenados a -4°C, tendo sido posteriormente utilizados para a preparação do extrato.

Preparação de extractos de cianobactérias

- **Cone. Tratamento HC1 com areia**
- A areia foi tratada com uma mistura de ácido clorídrico concentrado.
- Cone. HCL constitui uma mistura de Cone. HCL e água (2:1). Tomou-se cerca de 1 kg de areia. 200 ml de conc.Hcl e 100ml de H2O. Estes foram então misturados com a areia. Guardar durante todo o dia.
- No dia seguinte, a lavagem foi efectuada com água. Foram feitas 4-5 passagens por água da torneira. Estas foram mantidas a secar à luz do sol.
- Solventes utilizados:

Os extractos com um único solvente foram preparados utilizando

Água - as células cianobacterianas e a água como solvente foram utilizadas numa proporção de 5:2

Etanol (100%) - as células de cianobactérias e o etanol foram tomados numa proporção de

5:2

Acetona - As células de cianobactérias e a acetona foram tomadas numa proporção de 5:2
Isopropanol - As células de cianobactérias e o isopropanol foram misturados numa proporção
de 5:2 **Clorofórmio** - As células de cianobactérias e o clorofórmio foram misturados numa
proporção de 5:2

Inicialmente, o solvente e as células de cianobactérias foram misturados na proporção de
3:2, uma vez que as células de cianobactérias eram em menor quantidade neste caso, o
extrato obtido não apresentava uma atividade antimicrobiana eficaz. Mais tarde, ao
aumentar o teor de células de cianobactérias, ou seja, a proporção de células de
cianobactérias e solvente era de 5:2, a quantidade de células de cianobactérias utilizadas
era elevada, pelo que o extrato apresentava uma atividade antimicrobiana mais eficaz.
Estes extractos foram armazenados e conservados a 4°C.
O extrato de cianobactérias obtido era de cor verde. A cor azul obtida durante a extração
revela o seu pigmento ficocianina.

Figura 14: **Protocolo de preparação dos extractos antimicrobianos**

Figura 15: **Solventes utilizados para a preparação do extrato.**

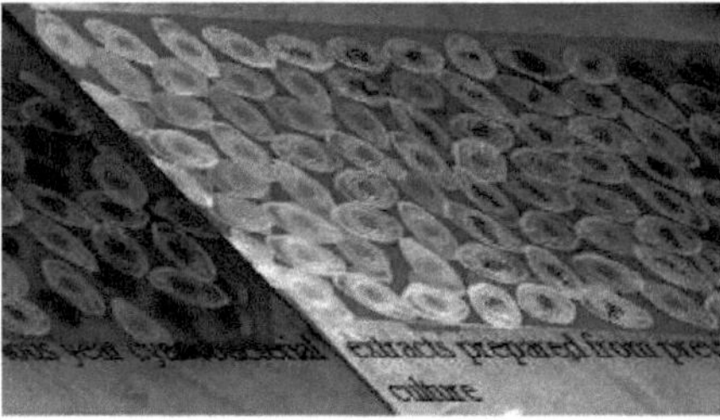

Figura 16: **Extractos preparados a partir de uma cultura de cianobactérias do ano
anterior.**

Figura 17: extractos preparados a partir de extractos de C-ficocianina do ano anterior

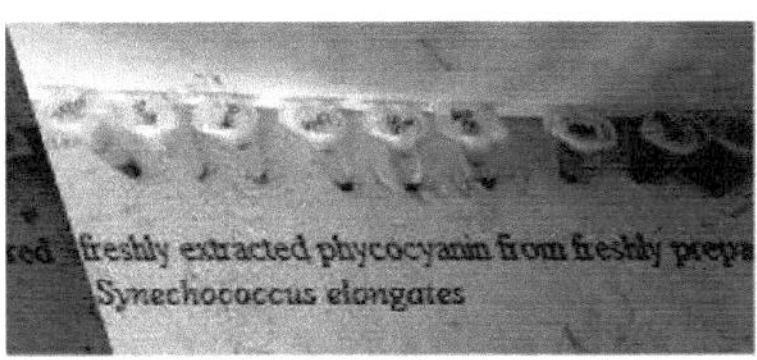

Figura 18: **Ficocianina recentemente extraída de *Synechococcus elongates* recentemente preparados**

Figura 19: **Ficocianina recentemente extraída de *Anabaena variabilis* recentemente preparada**

Tabela 6: **Capacidade de formação de zonas de diferentes extractos**

Name of extract	Concentration	Type of Strain		Result (Zone)	
		+ve	-ve	*S.elongates*	*A.variabilis*
Ethanol	100 %	+	-	High intensity	High intensity
Water	Distilled water	+	-	High intensity	High intensity
Isopropanol	100%	+	-	Mild zone	Intermediate zone
Acetone	100%	+	-	Mild zone	Mild zone
Chloroform	100%	+	-	No zone	No zone

CAPÍTULO 5
ISOLAMENTO E CULTIVO DA ESTIRPE BACTERIANA

As bactérias foram das primeiras formas de vida a aparecer na Terra e estão presentes na maioria dos habitats do planeta, crescendo no solo, na água, em fontes termais ácidas e nas profundezas da crosta terrestre.

A grande maioria das bactérias presentes no corpo são inofensivas devido aos efeitos protectores do sistema imunitário, e algumas são benéficas. No entanto, algumas espécies de bactérias são patogénicas e causam doenças infecciosas, incluindo a cólera, a sífilis, o carbúnculo, a lepra e a peste bubónica.

A estirpe bacteriana em estudo foi *Escherichia coli*

Escherichia coli - é uma bactéria gram-negativa (que não retém o corante violeta de cristal), anaeróbia facultativa (que produz ATP por respiração aeróbia se o oxigénio estiver presente, mas é capaz de mudar para a fermentação ou respiração anaeróbia se o oxigénio estiver ausente), não esporulante, em forma de bastonete, encontrada no intestino inferior de organismos de sangue quente (endotérmicos).

A maioria das estirpes de *E.coli* são inofensivas, mas alguns serotipos podem causar intoxicações alimentares graves nos seus hospedeiros e são ocasionalmente responsáveis pela recolha de produtos devido à contaminação alimentar. As estirpes inofensivas fazem parte da flora normal do intestino.

O crescimento ótimo da *E.coli* ocorre a 37°C. Possui a capacidade de transferir ADN através de conjugação bacteriana, transdução ou transformação, o que permite que o material genético se espalhe horizontalmente através de uma população existente.

MATERIAIS:-

- Caldo de *Escherichia coli*
- Placas de Petri
- Meio de ágar nutriente
- Espalhador
- Pipeta e pontas de pipeta
- Frascos

As estirpes isoladas foram cultivadas em **meios NUTRIENT AGAR** com a seguinte composição.

Figura 20: **Meio de ágar nutriente**

MEIO AGAR NUTRIENTE (1 litro)
Quadro 7: **Composição**

Constituents	Amount
Peptone	5 gm
Beef extract	3 gm
Agar	15 gm
NaCL	5 gm
Distilled water	1000ml
Ph	6.7

Os meios de Agar Nutriente foram preparados em frascos de acordo com a composição. Foram esterilizados em autoclave a 121 °C durante 15 minutos e o pH deve ser 7.

O meio foi vertido nas placas de Petri em cabina de fluxo de ar laminar e deixou-se solidificar.

O caldo de *E.coli* foi inoculado ou cultivado utilizando o método de espalhamento, pipetando aproximadamente 100 µl de caldo *de E.coli* e espalhando-o com um espalhador.

A estirpe bacteriana foi então incubada nas placas de Petri contendo meio NUTRIENT AGAR.

Foram incubadas a 37°C, mantendo as placas de Petri na posição invertida na incubadora.

As placas assim preparadas foram preservadas e verificadas quanto à sua atividade antibacteriana por cianobactérias.

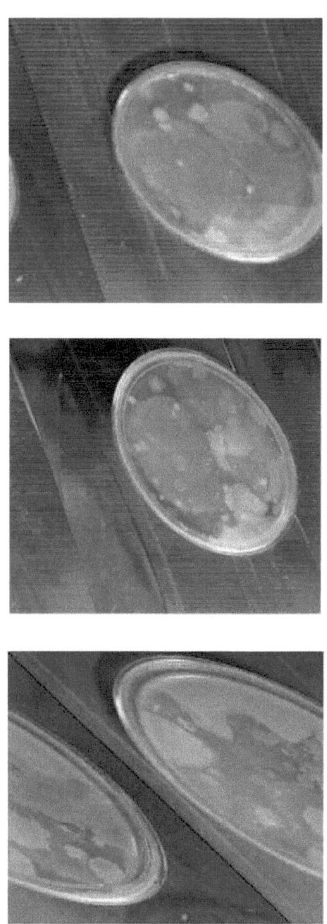

Figura 21: **Placas de Petri cultivadas** *de E.coli.*

CAPÍTULO 6
ISOLAMENTO E CULTIVO DE ESTIRPES DE FUNGOS

O fungo é um membro de um grande grupo de organismos eucarióticos que inclui microorganismos como as leveduras e os bolores. Estes organismos são designados como um reino, fungos, que são separados das plantas, animais, protistas e bactérias. Uma das principais diferenças é que as células dos fungos têm paredes celulares que contêm quitina, ao contrário das paredes celulares das plantas e de alguns protistas, que contêm celulose e ao contrário das paredes celulares das bactérias. O estudo dos fungos é conhecido como <u>micologia</u>. Há muito que são utilizados como fonte direta de alimentos, como os cogumelos e as trufas, como fermento para o pão e na fermentação de vários produtos alimentares, como o vinho, a cerveja e o molho de soja.

Têm sido utilizados para a produção de antibióticos e detergentes e são utilizados como pesticidas biológicos para controlar ervas daninhas, doenças das plantas e pragas de insectos. Muitas espécies produzem compostos bioactivos denominados micotoxinas, tais como alcalóides, que são tóxicos para os animais, incluindo os seres humanos. As estruturas de frutificação de algumas espécies contêm compostos psicotrópicos e são consumidas de forma recreativa ou em cerimónias espirituais tradicionais. Os fungos podem decompor materiais manufacturados e edifícios e tornar-se importantes agentes patogénicos para os seres humanos e outros animais. A simbiose micorrízica entre plantas e fungos é uma das associações planta-fungo mais conhecidas. Os líquenes são formados por uma relação simbiótica entre algas ou cianobactérias e fungos, em que células individuais de fotobiontes são incorporadas num tecido formado pelo fungo. Muitos insectos também se envolvem em relações mutualistas com fungos.

A estirpe de fungos utilizada para a avaliação foi ***Aspergillus niger.***

O Aspergillus niger é uma das espécies mais comuns do género *Aspergillus*. Causa uma doença chamada bolor negro em certas frutas e legumes, como uvas, damascos, cebolas e amendoins, e é um contaminante comum dos alimentos. Está omnipresente no solo e é comummente detectado em ambientes interiores, onde as suas colónias negras podem ser confundidas com as de *Stachybotrys*. Algumas estirpes de *A. niger* produzem micotoxinas potentes denominadas ocratoxina A. Também produz a isoflavona orobol. Provoca bolor negro nas cebolas e nas plantas ornamentais.

A infeção de plântulas de cebola por *A.niger* pode tornar-se sistémica, manifestando-se apenas quando as condições são propícias. Provoca uma doença pós-colheita comum em cebolas, na qual os conídios negros podem ser observados entre as escamas do bolbo. O fungo também causa doenças nos amendoins e nas uvas. É menos suscetível de causar doenças no homem do que outras espécies de *Aspergillus*.

Em casos extremamente raros, o ser humano pode ficar doente, mas isso deve-se a uma doença pulmonar grave, a aspergilose, que pode ocorrer. Várias estirpes de *A. niger* são utilizadas na preparação industrial de ácido cítrico e ácido glucónico. Muitas enzimas úteis são produzidas utilizando a fermentação industrial de *A.niger*. Por exemplo, a glucoamilase de *A.niger* é utilizada na produção de xarope com elevado teor de frutose e as pectinases são utilizadas na clarificação da cidra e do vinho. A alfa-galactosidase, uma enzima que decompõe certos açúcares complexos, é um componente do Beano.

Material necessário
- Estirpe de fungos *(Aspergillus niger)*
- Placas de Petri
- Erlenmeyer
- Laço de fita
- Meios de Sabouraud

A estirpe fúngica foi cultivada em **meio de Sabouraud Dextrose.**

Quadro 8: A composição do **meio de cultura Sabouraud Dextrose Agar** é a seguinte

Constituents	Quantity (g/ml)
Peptone	10
Dextrose	40
Agar	15
Distilled water	1000ml
Ph	5.6

O meio Sabouraud foi preparado num frasco de acordo com a composição. Foi esterilizado em autoclave a 121 °C durante 15 minutos a um pH de 5,6. O meio foi vertido nas placas de Petri em cabina de fluxo de ar laminar e deixado solidificar. *O A.niger* foi cultivado utilizando o método de estrias com a ajuda de uma ansa de estrias.

A estirpe fúngica foi então incubada nos petrídios contendo meio de Sabouraud. Foram incubadas à temperatura ambiente, mantendo as placas de Petri na posição invertida. As placas foram preservadas e verificadas quanto à sua atividade antifúngica por cianobactérias.

Figura 22: **Meio de cultura em ágar dextrose Sabouraud**

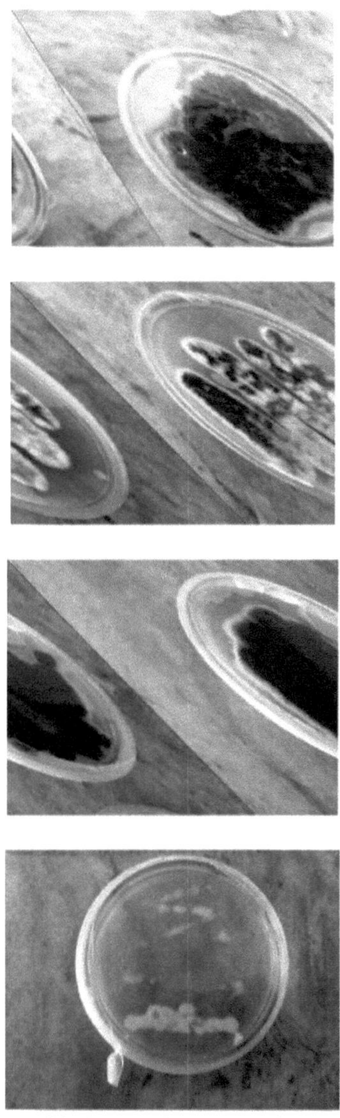

Figura 23: **Placas** *de* **cultura** *de A.niger*

CAPÍTULO 7
ENSAIO DA ACTIVIDADE ANTIMICROBIANA DA C-FICOCIANINA
ENSAIO DA ACTIVIDADE ANTIBACTERIANA
ENSAIO DE ACTIVIDADE ANTIFÚNGICA

A ficocianina tem uma atividade antimicrobiana que mata os microrganismos sem efeitos perigosos para o hospedeiro. Para além do seu valor nutritivo, a ficocianina tem uma atividade imunológica, antibacteriana, antiviral e anti-mutagénica. Nas cianobactérias, a ficocianina é utilizada contra muitas infecções bacterianas e tem propriedades anti-inflamatórias. Aumenta principalmente a atividade de defesa biológica contra doenças infecciosas. Em pequenas concentrações, a ficocianina actua eficazmente contra muitos agentes patogénicos. Os efeitos antimicrobianos dos extractos aquosos e de solvente orgânico de cianobactérias são visualizados em bioensaios utilizando microrganismos selecionados como organismos de teste.

O ensaio antimicrobiano está dividido em duas secções: Ensaio antibacteriano

Ensaio antifúngico

Atividade antibacteriana da C-ficocianina

O objetivo do presente estudo é investigar a atividade antibacteriana de vários extractos orgânicos *de Anabaena variabilis* e *Synechococcus elongates.*

Método de avaliação:

1. **Método de difusão em placa de ágar (método da placa em taça)**

Nesta técnica, foram feitos poços nas placas de ágar utilizando pontas de pipeta. A cultura bacteriana foi espalhada sobre o ágar nutriente utilizando uma espátula. Os poços foram então preenchidos com os extractos de ficocianina (extractos do ano anterior, extractos derivados das culturas do ano anterior, extractos recentemente preparados) utilizando uma micropipeta. As placas de Petri foram então cobertas, seladas e incubadas a uma temperatura de 37°C durante um período de 24 horas. As placas foram então analisadas quanto à sua atividade antibacteriana com base na formação da zona de inibição e o diâmetro destas zonas foi medido.

Figura 24: **Método de difusão em placa de ágar para o ensaio antibacteriano**

2. **Método do disco-**

Neste método, foram cortados pequenos discos de papel WHATTMAN FILTER com 6 mm de diâmetro com a ajuda de um perfurador. Os discos foram esterilizados, colocados em petrechos e esterilizados em autoclave. *A E. coli* foi subcultivada em placas de meio de ágar nutriente utilizando uma espátula. Os discos foram impregnados com extractos de C-ficocianina e colocados suavemente nas placas inoculadas com bactérias. As placas foram incubadas a 37°C durante 24 horas. Após a incubação, todas as placas foram observadas quanto à zona de inibição e o diâmetro dessas zonas foi medido em milímetros.

Figura 25: Método do disco para o ensaio antibacteriano

Depois de efetuar cada um dos dois métodos três vezes, concluí e preferi o método do disco. Uma vez que, no método de difusão em placa de ágar, o extrato de ficocianina é muito consumido quando se deita nos poços. Ambos os métodos foram efectuados em condições estéreis numa cabina de fluxo de ar laminar.

Placas de Petri que mostram a atividade antibacteriana exibida pela C-ficocianina isolada de *Anabaena variabilis* e *Synechococcus elongates*:

i.   Ano anterior Extractos de ficocianina
ii.   Extractos de ficocianina preparados a partir da cultura do ano anterior
iii. Extractos de ficocianina preparados de fresco após inoculação

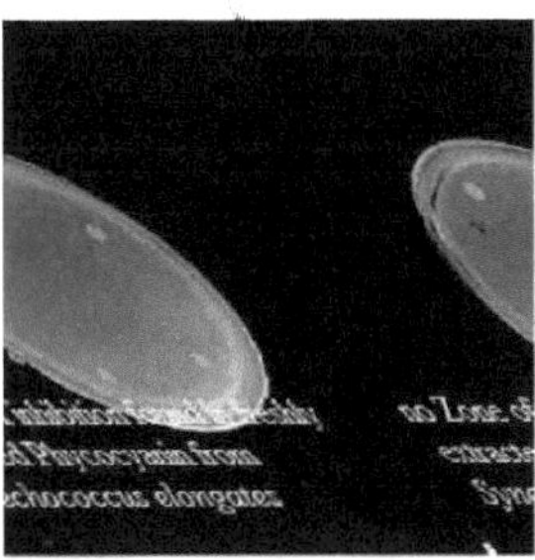

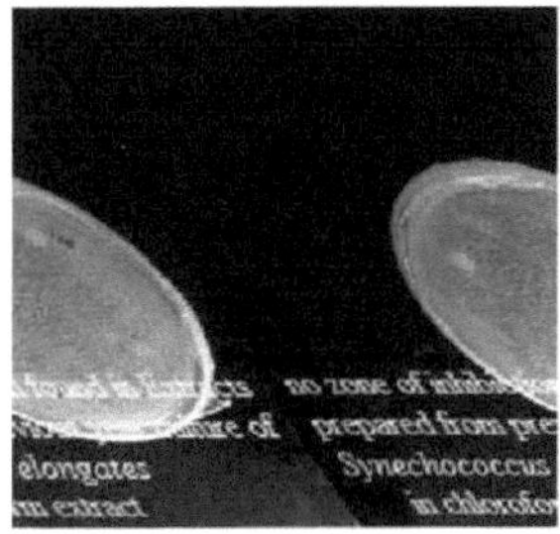

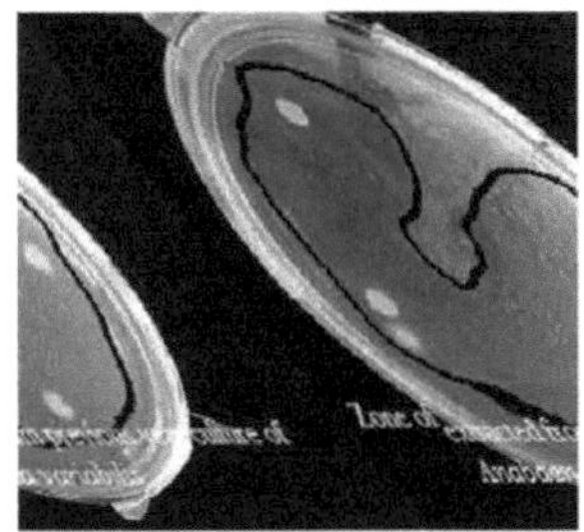

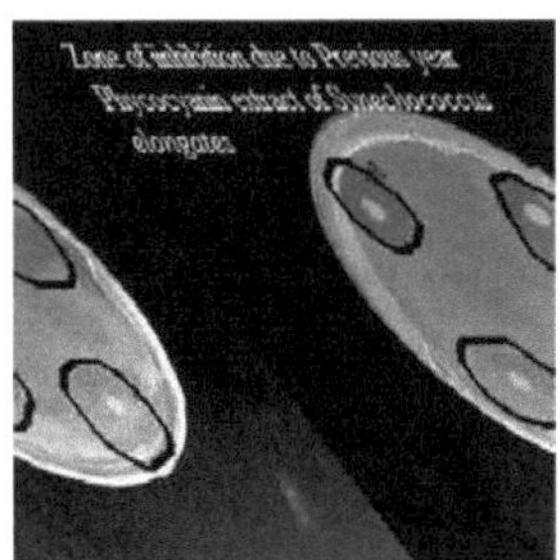

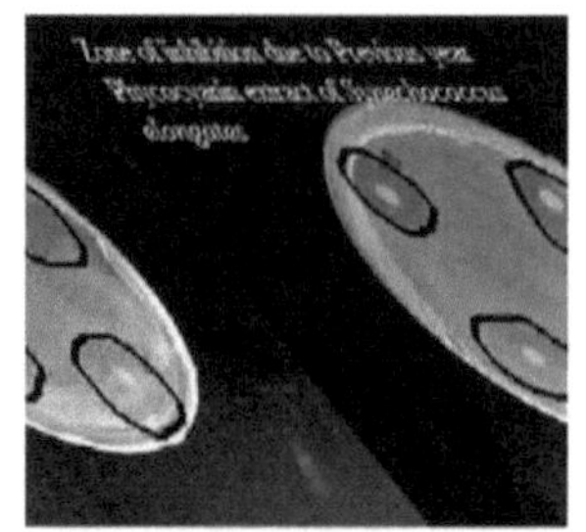

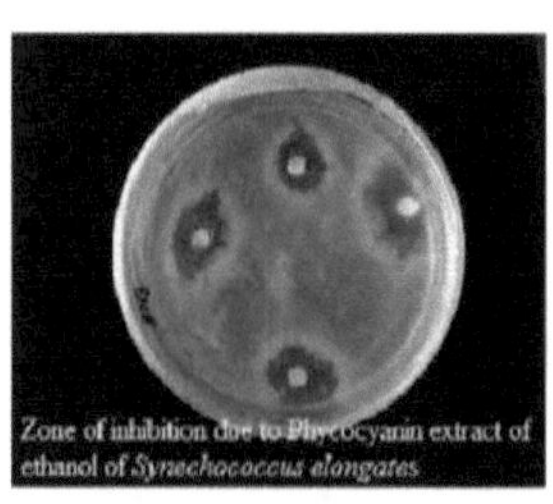

Zone of inhibition due to Phycocyanin extract of ethanol of *Synechococcus elongatus*

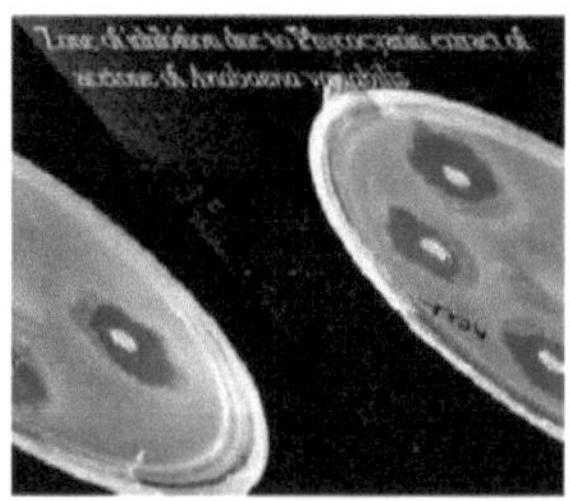

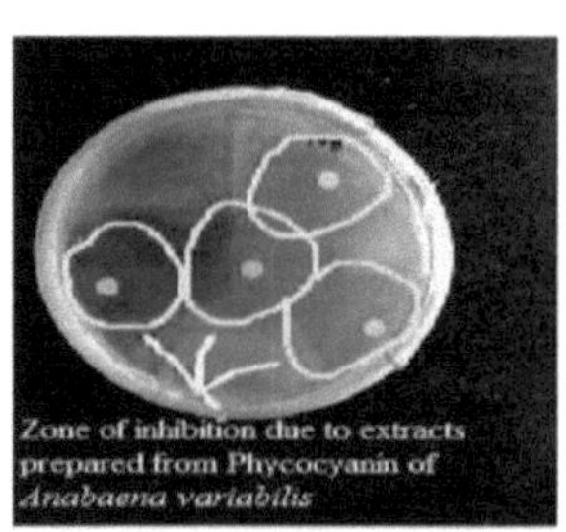

Zone of inhibition due to extracts prepared from Phycocyanin of *Anabaena variabilis*

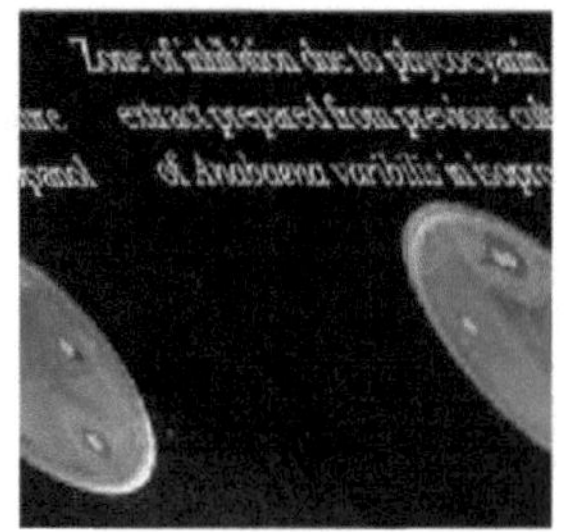

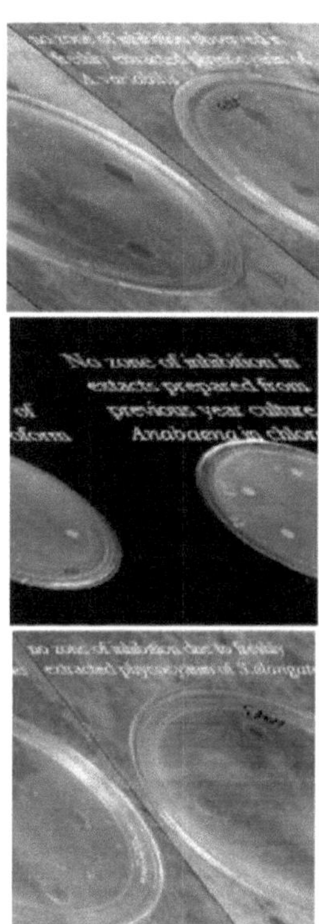

Figure 25: **Atividade antibacteriana exibida pela C-ficocianina de** *A.variabilis* **e** *S.elongates* **contra** *E.coli*

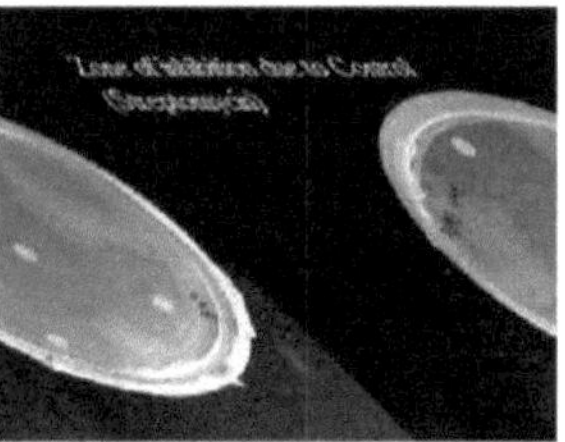

Figura 27: Zona de inibição pelo controlo (estreptomicina)

<u>**Atividade antifúngica da C-ficocianina**</u>

O objetivo desta parte da experiência é determinar a eficácia antifúngica do pigmento C-ficocianina isolado de *Anabaena variabilis* e *Synechococcus elongates* contra *Aspergillus niger*. Os antifúngicos actuam explorando as diferenças entre as células dos mamíferos e dos fungos para matar o organismo fúngico sem efeitos perigosos para o hospedeiro.

Métodos de avaliação: - **Método do disco**

Método de difusão em placa de ágar

1. Método do disco:

Neste método, foram cortados pequenos discos de papel WHATTMAN FILTER com 6 mm de diâmetro com a ajuda de um perfurador. Os discos foram esterilizados, colocados em petrechos e esterilizados em autoclave. *O Aspergillus niger* foi subcultivado em placas de meio Sabouraud utilizando uma espátula. Os discos foram impregnados com extractos de C-ficocianina e colocados suavemente nas placas inoculadas com o fungo. As placas foram incubadas a 25°C durante 24-48 horas. Após a incubação, todas as placas foram observadas quanto à zona de inibição e o diâmetro dessas zonas foi medido em milímetros.

Figura 28: **Método do disco para o ensaio antifúngico**

2. Método de difusão em placa de ágar (método da placa em taça)

Nesta técnica, foram feitos poços nas placas de meio Sabouraud utilizando pontas de pipeta. A cultura fúngica foi espalhada sobre as placas de meio Sabouraud utilizando uma espátula. Os poços foram então preenchidos com os extractos de ficocianina (extractos do ano anterior, extractos derivados das culturas do ano anterior, extractos recentemente preparados) utilizando uma micropipeta. As placas de Petri foram então cobertas, seladas e incubadas a uma temperatura de 25°C durante um período de 24-48 horas. As placas foram então analisadas quanto à sua atividade antifúngica com base na formação da zona de inibição e o diâmetro dessas zonas foi medido.

Figura 29: **Método da placa em taça para o ensaio antifúngico**

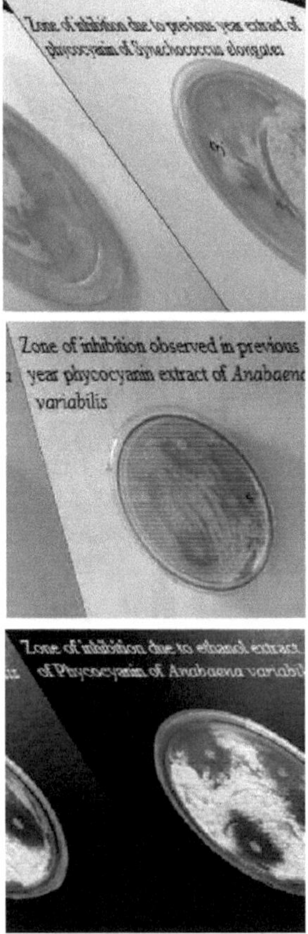

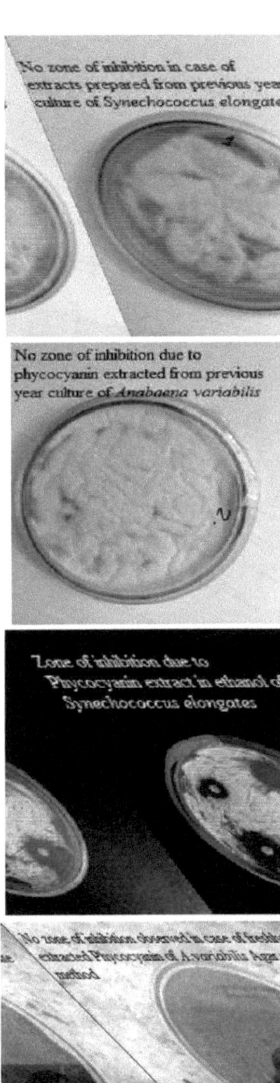
No zone of inhibition in case of
extracts prepared from previous year
culture of Synechococcus elongates
No zone of inhibition due to
phycocyanin extracted from previous
year culture of Anabaena variabilis
Zone of inhibition due to
Phycocyanin extract in ethanol of
Synechococcus elongates
No zone of inhibition observed in case of freshly
extracted Phycocyanin of A.variabilis Agar plate
method

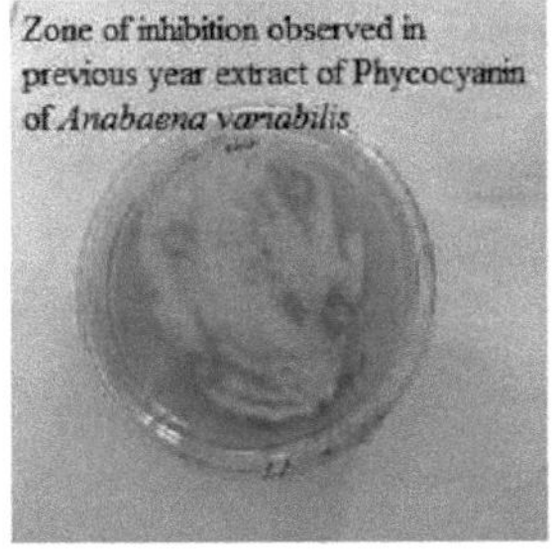
Zone of inhibition observed in
previous year extract of Phycocyanin
of Anabaena variabilis

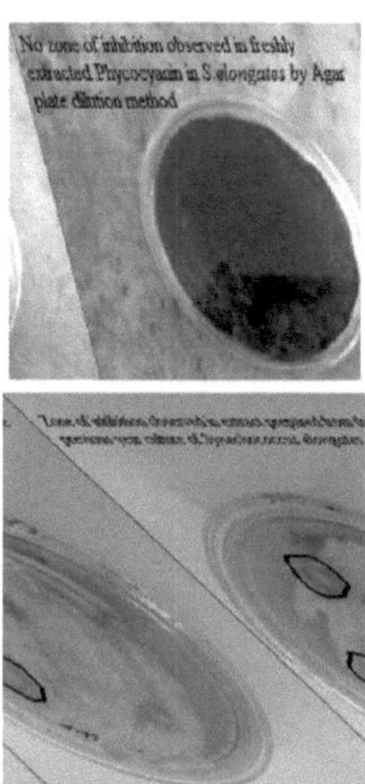

Figura 30: Atividade antifúngica exibida pela C-ficocianina de *A.variabilis* e *S.elongates* contra *A.niger*

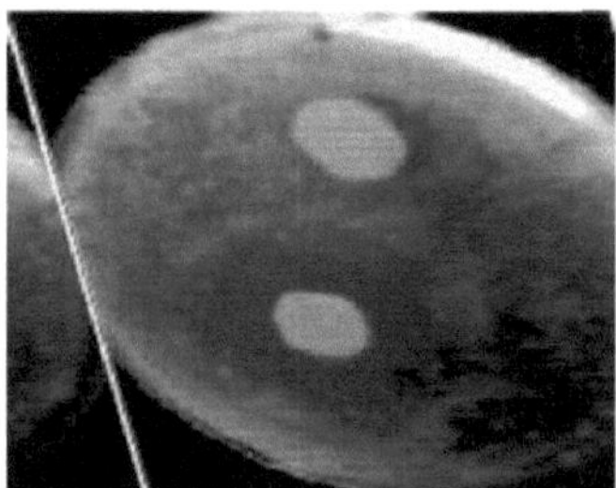

Figura 31: **Zona de inibição pelo controlo (Gentamicina)**

CAPÍTULO 8

RESULTADOS E DISCUSSÃO

A atividade antimicrobiana da C-ficocianina foi verificada contra bactérias e fungos. A estirpe bacteriana utilizada foi *Escherichia coli* e a estirpe fúngica utilizada foi *Aspergillus niger*. Foi observado com base na zona de inibição exibida pela ação antimicrobiana da C-ficocianina de *Synechococcus elongates* e *Anabaena variabilis*.

Tabela 9: **Atividade antibacteriana da ficocianina isolada de *Anabaena variabilis* em *Escherichia coli*.**

Extracts	Previous year extracts of Phycocyanin	Extracts prepared from previous year culture	Freshly prepared extracts after inoculation
Ethanol (100%)	+	+	-
Water	+	+	-
Isopropanol	+	+	-
Chloroform	+	+	-
Acetone	+	+	-
Control (Streptomycin)	+	+	+

Tabela 10: **Zona de inibição (em mm) por ficocianina isolada de culturas de *Anabaena variabilis* em *E.coli*.**

Extracts	Previous year extracts of Phycocyanin	Extracts prepared from previous year culture	Freshly prepared extracts after inoculation
Ethanol (100%)	7.5 mm	6.4mm	-
Water	8mm	7mm	-
Isopropanol	7.6mm	6.8	-
Chloroform	7.2mm	-	-
Acetone	7.8mm	-	-
Standard deviation	0.304138mm	0mm	0mm
Control (Streptomycin)	9mm	9mm	9mm

Tabela 11: Atividade antibacteriana da ficocianina isolada de *Synechococcus elongates* em *E.coli*.

Extracts	Previous year extracts of Phycocyanin	Extracts prepared from previous year culture	Freshly prepared extracts after inoculation
Ethanol	+	+	-
Water	+	+	-
Isoprpanol	+	-	-
Chloroform	+	-	-
Acetone	+	+	-
Control (Streptomycin)	+	+	+

Tabela 12: **Zona de inibição (em mm) por ficocianina isolada de *Synechococcus elongates* em *E.coli*.**

Extracts	Previous year extracts of Phycocyanin	Extracts prepared from previous year culture	Freshly prepared extracts after inoculation
Ethanol (100%)	7.2 mm	6.8mm	-
Water	7.6mm	7.2mm	-
Isopropanol	7.1mm	-	-
Chloroform	7mm	-	-
Acetone	7.2mm	6.9mm	-
Standard deviation	0.1414 mm	0 mm	0 mm
Control (Streptomycin)	8.8mm	8.6mm	8.9mm

Gráfico 2: **Atividade dos extractos de C-ficocianina inoculados a partir de *Anabaena variabilis* contra *E. coli***

O gráfico da atividade antibacteriana da C-ficocianina isolada de *A.variabilis* contra *E.coli* mostra que a água é o melhor solvente para a extração da C-Pc, uma vez que a sua atividade antibacteriana é máxima. Os extractos do ano anterior possuem uma forte propriedade antibacteriana.

Gráfico 3: **Atividade dos extractos de C-ficocianina inoculados a partir de *Synechococcus elongates* contra *E.coli*.**

Este gráfico mostra que a água actua como um bom solvente, seguida do etanol e da acetona para a preparação do extrato de C-Pc de *S.elongates*. A zona de inibição mais elevada é exibida pelo extrato com água como solvente.

Quadro 13: **Atividade antifúngica da ficocianina isolada de** *Anabaena variabilis* **em**
Aspergillus niger

Extracts	Previous year extracts of Phycocyanin	Extracts prepared from previous year culture	Freshly prepared extracts after inoculation
Ethanol (100%)	+	+	-
Water	+	+	-
Acetone	+	-	-
Isopropanol	+	+	-
Chloroform	-	-	-
Control (Gentamycin)	+	+	+

Tabela 14: **Zona de inibição (em mm) pela ficocianina de** *Anabaena variabilis* **em**
Aspergillus niger

Extracts	Previous year extracts of Phycocyanin	Extracts prepared from previous year culture	Freshly prepared extracts after inoculation
Ethanol (100%)	11	7.5	-
Water	12	8	-
Acetone	8.8	-	-
Isopropanol	9	8	-
Chloroform	-	-	-
Control (Gentamycin)	10	10	10

Quadro 15: **Atividade antifúngica da ficocianina isolada de** *Synechococcus elongates* **em**
Aspergillus niger

Extracts	Previous year extracts of Phycocyanin	Extracts prepared from previous year culture	Freshly prepared extracts after inoculation
Ethanol (100%)	+	+	-
Water	+	+	-
Acetone	+	-	-
Isopropanol	-	+	-
Chloroform	+	-	-
Control (Gentamycin)	+	+	+

Tabela 16: **Zona de inibição (em mm) por ficocianina de *Synechococcus elongates* em** *Aspergillus niger*

Extracts	Previous year extracts of Phycocyanin	Extracts prepared from previous year culture	Freshly prepared extracts after inoculation
Ethanol (100%)	**8.6**	**7.8**	-
Water	**10**	**7.9**	-
Acetone	**9**	-	-
Isopropanol	-	**7.6**	-
Chloroform	**7.7**	-	-
Control (Gentamycin)	**10.2**	**10**	**10**

Gráfico 4: **Atividade da C-ficocianina isolada de *Synechococcus elongates* contra** *Aspergillus niger*

Este gráfico mostra a atividade antifúngica exibida pelos extractos de C-Pc. A água actua como o melhor solvente na extração. A zona de inibição mais elevada é mostrada pelos extractos de C-Pc do ano anterior contra *A.niger*.

Gráfico 5: **Atividade da C-ficocianina isolada de *Anabaena variabilis* contra *Aspergillus niger***

Este gráfico mostra a atividade antifúngica da ficocianina isolada de *A.variabilis* contra *A.niger*. Os extractos com clorofórmio não apresentam qualquer atividade antifúngica.

DISCUSSÃO

As cianobactérias caracterizam-se pela sua capacidade de realizar a fixação biológica do azoto e a fotossíntese do oxigénio. Como as cianobactérias são muito resistentes a condições ambientais extremas, estão a assumir uma importância crescente em áreas de fronteira da biotecnologia. As cianobactérias produzem toxinas potentes, mas também produzem compostos bioactivos úteis, incluindo substâncias com atividade antitumoral, antiviral, anticancerígena, antibiótica e antifúngica, protectores dos raios UV e inibidores específicos de enzimas. As ficobiliproteínas têm um bom potencial e diversas aplicações. O interesse crescente na produção destes pigmentos deve-se principalmente à sua aplicação alimentar.

Os diferentes resultados de várias investigações realizadas como rastreio primário para a produção de compostos biologicamente activos podem levar-nos a concluir que esta capacidade não depende do género, mas varia de estirpe para estirpe, e as diferenças obtidas são apenas o resultado de um pequeno número de estirpes testadas. É óbvio que a atividade biológica pode ser dirigida para um alvo, mas também pode referir-se a mais do que um metabolito secundário, o que também depende do pigmento de C-ficocianina a partir do qual a estirpe de cianobactéria é obtida.

Os resultados experimentais mostram que a C-ficocianina é capaz de inibir o crescimento de outros microrganismos. *A Anabaena variabilis* é um produtor muito prometedor, uma vez que apresentou o teor mais elevado de ficocianina. As estirpes *de Anabaena* apresentaram um teor de ficobiliproteína muito mais elevado em comparação com a estirpe de *Synechococcus elongates* testada.

A atividade antimicrobiana da C-ficocianina é determinada a partir da zona de inibição observada contra bactérias e fungos. É evidente que o diâmetro da zona de inibição depende principalmente do tipo de espécie de alga, do tipo de solvente utilizado e dos microrganismos testados.

O desempenho experimental mostrou o seguinte resultado:

No ano anterior, os extractos de C-ficocianina: Dos cinco solventes, ou seja, água, etanol, isopropanol, clorofórmio e acetona, o extrato de água de *Anabaena variabilis* deu uma zona de inibição de 8 mm, seguido do extrato de acetona de *Anabaena variabilis* com uma zona de inibição de 7,8 mm contra *E. coli*. Por outro lado, a zona máxima de inibição (7,6 mm) foi observada com o extrato de água seguido do extrato de etanol com uma zona de inibição de 7,2 mm pela C-Ficocianina de *Synechococcus elongates* contra *E. coli*.

O extrato aquoso de C-ficocianina de *Anabaena variabilis* deu 12 mm de zona de inibição, seguido de 11 mm de zona de inibição pelo extrato etanólico de *Anabaena variabilis* contra *Aspergillus niger*. O extrato aquoso de *Synechococcus elongates* apresentou a maior atividade antifúngica com uma zona de inibição de 10 mm, seguido do extrato de acetona com uma zona de inibição de 9 mm contra *Aspergillus niger*.

Nos extractos preparados a partir da cultura do ano anterior: O extrato aquoso de *Anabaena variabilis* deu uma zona de inibição máxima de 7 mm e o extrato aquoso de *Synechococcus alonga* a zona de inibição de 7,2 mm contra *E.coli*. O extrato aquoso e o extrato de isopropanol *de Anabaena variabilis* deram uma zona de inibição de 8 mm contra *A.niger*. O extrato aquoso (7,9 mm de zona de inibição) seguido do extrato etanólico (7,8 mm de zona de inibição) de C-Ficocianina de *Synechococcus elongates* mostrou atividade antimicrobiana contra *A.niger*. Os extractos recentemente preparados de *A.variabilis* e *S.elongates* não mostraram qualquer atividade antimicrobiana contra *E.coli* e *A.niger*.

Concluiu-se que a água foi o melhor solvente para extrair o agente antimicrobiano C-ficocianina de *Anabaena variabilis* e *Synechococcus elongates*, seguido do extrato de etanol de *Synechococcus elongates* contra *E.coli* e *A.niger*, enquanto o etanol e o isopropanol foram os melhores solventes para extrair agentes antimicrobianos de *S.elongates* e *A.variabilis*. O extrato de C-ficocianina de *Anabaena variabilis* mostrou a maior atividade antimicrobiana contra *Aspergillus niger* e *Escherichia coli*. A ação e a potência de diferentes extractos de ficocianina dependem da estirpe.

Outros estudos experimentais mostraram que, quanto mais antigo for o extrato de C-ficocianina, maior é a sua atividade antimicrobiana. Uma vez que foi observada uma zona de inibição máxima para o "pigmento de C-ficocianina extraído no ano anterior", seguida dos "extractos preparados a partir do pigmento de ficocianina extraído no ano anterior" e não foi observada qualquer atividade microbiana para o "pigmento de C-ficocianina extraído recentemente após inoculação". A razão para tal pode ser o facto de os extractos do ano anterior terem sido armazenados durante muito tempo a 4°C num congelador ou de terem sido congelados.

Este trabalho centra-se na capacidade da C-ficocianina para ser utilizada como medicamento ou agente antimicrobiano, uma vez que durante muito tempo os medicamentos antimicrobianos são de base química, não só têm problemas de perigosidade quando utilizados em excesso, mas também levaram ao aumento do poder de resistência de muitos micróbios causadores de doenças. A C-ficocianina tem um efeito favorável no sistema de defesa anti-oxidativo, como o aumento do nível de proteínas solúveis e do teor de água. A C-ficocianina apresenta uma atividade de inibição da serina protease, uma atividade de relaxamento e uma atividade citotóxica. O ensaio antibacteriano foi utilizado para determinar a propriedade antibiótica da C-ficocianina como meio de prevenir e ser utilizada no tratamento de infecções bacterianas.

Sabe-se que as cianobactérias produzem compostos bioactivos importantes do ponto de vista farmacológico, tais como substâncias antitumorais, antivirais, relaxantes musculares e com propriedades antioxidantes, com menos riscos para a saúde humana. É possível cultivar facilmente as cianobactérias, que têm uma origem muito prometedora em comparação com as microalgas superiores e outros organismos. **Podem ser propostas como medicamentos antimicrobianos.** Além disso, o custo de extração e produção da ficocianina como medicamento é mais barato do que os medicamentos sintetizados quimicamente disponíveis no mercado. São fáceis de crescer e cultivar. São eficazes em pequenas doses. Não têm quaisquer efeitos secundários em comparação com os medicamentos químicos. Como são capazes de produzir produtos ecologicamente seguros e podem crescer em grande massa sem muito trabalho e custo, além disso, é bastante difícil controlar infecções fúngicas e bacterianas. A C-ficocianina pode combatê-las de forma bastante eficaz. A C-ficocianina tem potencial para desempenhar um papel ativo no futuro da conceção de medicamentos antimicrobianos.

CAPÍTULO 9

RESUMO E CONCLUSÃO

A C-Phycocyanin é uma molécula importante presente nas cianobactérias. O ensaio antimicrobiano foi realizado para determinar a atividade antifúngica e antibacteriana da C-Pc isolada de *A.variabilis* e *S.elongates* contra *A.niger* e *E.coli*, respetivamente. Os métodos de avaliação foram: Método de disco e método de difusão em placa de ágar. A zona de inibição representou o ensaio antimicrobiano.

De acordo com a minha investigação e também com os artigos de investigação citados, a C-Pc actua como um agente antimicrobiano eficaz.

Pode ser proposto como um medicamento. Uma vez que é amigo do ambiente, económico e não é sintetizado quimicamente. É uma molécula única anticancerígena e preventiva do cancro que tem um excelente perfil de desempenho com base em acreditações científicas comprovadas pela investigação. É uma molécula natural, solúvel em água, não solúvel e não tóxica, com potentes propriedades anti-oxidantes, anti-inflamatórias e anticancerígenas. Várias investigações também apoiam o forte perfil citoprotector, hepatoprotector e neuroprotector do C-Pc.

Em Tratamento do cancro

Nos tempos que correm, em que o estilo de vida dissipado e outros factores de contagem, tais como a alimentação, a má gestão física e mental, as intoxicações por administração de medicamentos sob a forma de quimioterapias e as toxicidades químicas, contribuem para o risco cumulativo de ocorrência de cancro, o consumo de C-Pc é essencialmente necessário.

Nas indústrias alimentares

Os pigmentos de cianobactérias, como as ficobiliproteínas e os carotenóides, têm sido preferidos nas indústrias alimentares em vez dos corantes sintéticos, que podem causar problemas tóxicos. Devido às diversas propriedades químicas dos pigmentos de cianobactérias, estes podem atuar como suplemento nutricional ou representar uma fonte de corantes alimentares naturais. A atividade antioxidante dos pigmentos de cianobactérias desempenha um papel significativo no processamento e armazenamento dos alimentos.

Atividade antibacteriana

Os pigmentos de cianobactérias, ou seja, a ficocianina, têm atividade antibacteriana contra muitas estirpes de bactérias. O mecanismo de ação exato é que podem atuar sobre múltiplos alvos celulares, embora as membranas celulares sejam os mais prováveis - a danificação das membranas conduzirá provavelmente à fuga de células e à redução da absorção de nutrientes, para além de inibir a respiração celular.

Como diferentes marcadores

Algumas isozimas antioxidativas específicas podem ser amplamente utilizadas como marcadores moleculares para os estudos de genética populacional e variações genéticas dentro e entre populações. As ficobiliproteínas e os carotenóides têm sido sugeridos como marcadores fluorescentes em ensaios bioquímicos.

Benefícios para o sistema imunitário e o sistema sanguíneo

O C-Pc reforça o sistema imunitário, melhorando assim a sua capacidade de funcionar apesar do stress provocado pelas toxinas ambientais e pelos agentes infecciosos. Ajuda no desenvolvimento e crescimento dos glóbulos vermelhos e dos glóbulos brancos.

CAPÍTULO 10

REFERÊNCIAS

1 . Ahmad Iffat Zareen, Ananya, Kamal Aisha (2014). Cianobactérias "as algas verdes azuis" e suas novas aplicações: Uma breve revisão. Revista Internacional de Inovação e Estudos Aplicados. ISSN 2028-9324 Vol No.l, pp 251-261.

2 . Altermann W.; Kazmierczak, J; Oren A; D.T (2006). A calcificação de cianobactérias e o seu potencial de construção de rochas, Vol No.4,147-166

3 . Bagchi, S.N; Palod A, Chauhan V.S. (1990). Propriedades algicidas de uma alga azul-esverdeada que floresce, Oscillatoria sp. Journal of Basic Microbiology.30:21-29.

4 . Bloor S, England R.R. (1989). Produção de antibióticos pela cianobactéria Nostoc muscorum. J. Appl. Phycol., 1: 367-372.

5 . Brock T.D. (1973). Aspectos evolutivos e ecológicos das cianófitas. In: N.G. Carr e B.A. Whitton. The Biology of the Blue-Green Algae. Blackwell Scientific Publications, Oxford, 487-500.

6 . Bryant D.A. (1994). The Molecular Biology of Cyanobacteria. Kluwer Academic Publishers, Dordrecht, 879 pp.

7 . Carmichael W. W. (1997): The Cyanotoxins. Adv. Botan. Res. 27:211-226.

8 . Carmichael W.W (1994). As toxinas das cianobactérias. Scientific American, 270(l):78-86.

9 . Carmichael W.W. (1988) Hazards of freshwater blue-green algae (Cyanobacteria). In: C.A. Lembi e J.R. Waaland. [Eds] Algae and Human Affairs. Cambridge University Press, Cambridge, 403-432.

10 Carmichael W.W. (1992) A review: cyanobacteria secondary metabolites - the cyanotoxins. Journal of applied bacteriology, 72:445-459.

11 Carmichael W.W. (2001): Efeitos na saúde das cianobactérias produtoras de toxinas: The cyanoHABs". Hum. Ecol. Risk Assess. 7: 1393-1407.

12 Castenholz R.W. (1973): Ecologia de algas azuis-verdes em fontes termais. In: N.G. Carr e B.A. Whitton. The Biology of Blue-Green Algae. Blackwell Scientific Publications, Oxford, 379-414.

13 Castenholz R.W. e Waterbury J.B. (1989): Em J.T. Staley, M.P. Bryant, N. Pfennig e J.G. Holt [Eds] Bergey's Manual of Systematic Bacteriology. Vol. 3, Williams & Wilkins, Baltimore, 1710-1727.

14 Chung S, Jeong J.Y, Choi D.E, Lee K.W, Shin Y.T. (2010). A C-ficocianina atenua a inflamação renal e a fibrose em ratinhos UUO. Korean J Nephrol. 29(6):687-694.

15 . Cohen-Bazire G. e Bryant D.A. (1982) Phycobilisomes: composition and structure. In:

N.G. Carr and B.A. Whitton [Eds] The Biology of Cyanobacteria. Blackwell Scientific Publications, Oxford.

16 Doolittle R. F., Feng D.F., Tsang S., Cho G., Little E., (1996). Determining Divergence Times of the Major Kingdoms of Living Organisms with a Protein Clock. Science 271, 470-477.

17 Dor I. e Danin A. (1996) Cyanobacterial desert crusts in the Dead Sea Valley, Israel. Arch. Hydrobiol. Suppl. 117, Algological Studies, 83, 197-206.

18 Douglas S, Beveridge T.J, (1998). Formação de minerais por bactérias em comunidades microbianas naturais. FEMS microbiologia.26,79-88

19 Douglas S.E. (1994) Chloroplast origins and evolution. In: D.A. Bryant [Ed.] The Molecular Biology of Cyanobacteria, Kluwer Academic Publishers, Dordrecht. 91-118.

20 Fay P. (1965) Heterotrofia e fixação de azoto em Chlorogloea fritschii. J. Gen Microbiol.39, 11-20.

21 Fay P. (1992). Relações de oxigénio da fixação de nitrogénio em cianobactérias. Microbial Mol.Bio.Rev56, 340-373.

22 Fay P. e Van Baalen, C. (1987) The Cyanobacteria. Elsevier, Amesterdão, 534 pp.

23 Gademann K, Portmann C (2008). Metabolitos secundários de cianobactérias: estruturas complexas e bioactividades poderosas. Curr Org Chern. 12(4):326-341.

24 Gallon J.R., Jones D.A. e Page T.S. (1996) Trichodesmium, the paradoxical diazotroph. Arch. Hydrobiol. Suppl., Algological Studies, 83,215-243.

25 Geitler L. (1932) Cyanophyceae. In: L. Rabenhorst [Ed.] Kryptogamen-Flora. 14. Band. Akademische Verlagsgesellschaft, Leipzig, 1196 pp.

26 Ghasemi Y, Tabatabaei Yazdi M, Shokravi S, Soltani N, Zarrini G (2003). Atividade antifúngica e antibacteriana de cianobactérias de campos de arroz do norte do Irão. J. Sci.Islamic Repub. Irão, 14:203-209.

27 Ghasemi Y, Yazdi MT, Shafiee A, Amini M, Shokravi S, Zarrini G. Parsiguine,(2004) Uma nova substância antimicrobiana de Fischerella ambigua. Biologia Farmacêutica.42:318-322.

28 Greuter W., Barrie F., Burdet H.M., Chaloner W.G., Demoulin V., Hawksworth D.L., Jorgensen P.M., Nicholson D.H., Silva P.C., Trehane P. e McNeill J. (1994).Código Internacional de Nomenclatura Botânica (Código de Tóquio). (Regnum Vegetabile No. 131), Koeltz Scientific Books, Konigstein.

29 Hader D.P. (1987) Photomovement. In: P. Fay and C. Van Baalen [Eds] The Cyanobacteria. Elsevier, Amesterdão, 325-345.

30 Herrero M, Ibanez E, Cifuentes A, Reglero G, Santoyo S. Dunaliella (2006). Extractos líquidos pressurizados de microalgas Salina como potenciais antimicrobianos. Jornal de Proteção Alimentar. 69:2471-2477.

31 Hess W. R., (2008) Comparative Genomics of Marine Cyanobacteria and their Phages. In: Herrero, A., Flores, E. (Eds.), The Cyanobacteria: Molecular Biology, Genomics and Evolution. Caister Academic Press, Norfolk, Reino Unido, pp. 89-116.

32 Holland H.D. (1997) Evidence for life on earth more than 3,850 million years ago. Science, 275, 38-39.

33 Hoogenhout H. e Amesz J. (1965) Growth rates of photosynthetic microorganisms in laboratory cultures. Arch. Microbiol, 50, 10-15.

34 Humm H.J. e Wicks S.R. (1980) Introduction and Guide to the Marine Bluegreen Algae. John Wiley & Sons, Nova Iorque, 194 pp.

35 Jaki B, Oijala J, Sticher O (1999). Um novo diterpenóide extracelular com atividade antibacteriana da cianobactéria Nostoc commune EAWAG 122b. J. Nat. Prod., 62: 502-503.

36 John D.M, Whitton B.A, Brook A.J. (2003). The freshwater algal flora of the British isles, an identification guide to freshwater and terrestrial algae (A flora de algas de água doce das ilhas britânicas, um guia de identificação de algas de água doce e terrestres). Cambridge University Press, Cambridge, pp. 117-122.

37 Kann E. 1988 Zur Autokologie benthischer Cyanophyten in reinen europaischen Seenund Fliessgewassem. Arch. Hydrobiol. Suppl. 80, Algological Studies, 50- 53, 473-495.

38 Koi E. 1968 Kryobiologie. I. Kryovegetação. In: H.J. Elster and W. Ohle [Eds] Die Binnengewasser, Band XXIV. E. Schweizerbart'sche Verlagsbuchhandlung, Stuttgart, 216 pp.

39 Kulasooriya A.S. (2011) "Cyanobacteria: Pioneiras do Planeta Terra", Ceylon Journal of Science (Bio. Sci.), Vol. 40, no. 2, pp. 71-88

40 Metz K., Beattie K.A., Codd G.A., Hanselmann K., Hauser B., Naegeli H.P. e Preisig H.R. (1997) Identificação de uma microcistina em cianobactérias bentónicas associada à morte de gado em pastagens alpinas na Suíça. Eur. J. Phycol. 32, 111-117.

41 MOORE R.E. (1996) Cyclic peptides and depsipeptides from cyanobacteria: a review. J Ind Microbiol. 16: 134-143.

42 Mur L.R. (1983) Some aspects of the ecophysiology of cyanobacteria. Ann. Microbiol., 134B, 61-72.

43 Mur L.R., Gons, H.J. and Van Liere, L. (1978) Competition of the green alga Scenedesmus and the blue-green alga Oscillatoria in light limited environments. FEMS

Microbiol. Letters 1, 335-338.

44 Murugan T., Radhamadhavan. (2011) Rastreio da atividade antifúngica e antiviral da C-ficocianina de Spirulina platensis. JPharm Res. 4(11):4161- 4163.

45 Namikoshi M. e Rinehart K.L. (1996). Compostos bioactivos produzidos por cianobactérias. J. Ind. Microbial, 17:373-384.

46 Paerl H.W. (1988) Estratégias de crescimento e reprodução de algas azuis-verdes de água doce. In: C.D. Sandgren [Ed.] Growth and Reproductive Strategies of Freshwater Phytoplankton. Cambridge University Press, Cambridge, 261-315.

47 Paerl H.W., Huisman J.(2008) Blooms like it hot. Science 320, 57-58.

48 Paerl H.W., Tucker J. and Bland P.T. (1983) Carotenoid enhancement and its role in maintaining blue-green (Microcystis aeruginosa) surface blooms. Oceanogr. 28, 847-857.

49 Pamas I., Reich K., Bergmann F. (1962). Fotoinactivação da ictiotoxina de culturas axénicas de Prymnesium parvum Carter. Appl. Microbiol. 10 (3), 237-239.

50 Pearson M.J.(1990) Toxic blue-green algae. A report by the UK National Rivers Authority, pp. 1-128 (Water Quality Series No. 2). Phycocyanin: A Biliprotein with Antioxidant, Anti-Inflammatory and Neuroprotective Effects Current Protein and Peptide Science, 2003, 4, 207-216

51 Potts M., (1994). Tolerância dos procariotas à dessecação. Microbiol. Rev. 58, 755-805.

52 Potts M., (2000). Nostoc. In: Whitton, B. A., Potts, M. (Eds.), The Ecology of Cyanobacteria. Kluwer Academic Publishers, Dordrecht, pp. 465-465-464.

53 Potts M., (2004). Colónias de Nudistas: A Revealing Glimpse of Cyanobacterial Extracellular Polysaccharide. J. Phycol. 40, 1-3.

54 Reynolds C.S. (1987) Cyanobacterial waterblooms. In: P. Callow [Ed.] Advances in Botanical Research, 13, Academic Press, Londres, 17-143.

55 Richmond A. (1990) Cultura de microalgas em grande escala e aplicações. Prog. Phycol. Res.,7, 269-330.

56 Rippka R. (1988) Recognition and identification of cyanobacteria. In: L. Packer and A.N. Glazer [Eds] Cyanobacteria. Methods in Enzymology, Volume 167, Academic Press, Nova Iorque, 28-67.

57 Rippka R., Deruelles J., Waterbury J., Herdman M., Stanier R., (1979). Atribuições genéricas, histórias de estirpes e propriedades de culturas puras de cianobactérias. J. Gen. Microbiol. Ill, 1-61.

58 Schopf J. W. (1993). Microfósseis do Apex chert do Arqueano Antigo: novas provas

da antiguidade da vida. Science 260, 640-646.

59 Schopf J. W. (1999). Cradle of Life: the Discovery of Earth's Earliest Fossils (O Berço da Vida: a Descoberta dos Primeiros Fósseis da Terra). Princeton University Press, Princeton.

60 Schopf J. W. (2000). Evidência Fóssil de Cianobactérias Antigas. In: Whitton, B. A., Potts, M. (Eds.), The Ecology of Cyanobacteria. Kluwer Academic Publishers, Dordrecht, pp. 13-35.

61 Schopf J. W. (2006). Fossil evidence of Archaean life. Phil. Trans. Royal Soc. Lond. B. Biol. Sci. 361, 869-885.

62 Schopf J. W. (1994). Disparate rates, differing fates: o tempo e o modo de evolução mudaram do Pré-cambriano para o Fanerozoico. Proc. Natl. Acad. Sci. U.S.A. 91, 6735-6742.

63 Schopf J.W. (1996) Cyanobacteria. Pioneiras da Terra primitiva. In: A.K.S.K, Prasad, J.A. Nienow and V.N.R Rao [Eds] Contributions in Phycology. Nova Hedwigia, Beiheft 112, J. Cramer, Berlim, 13-32.

64 Sharma Akshita e Tiwari Archana (2013). Atividade antifúngica de Anabaena variabilis contra agentes patogénicos de plantas. Int J Pharm Bio Sci. 4(2): (B) 1030-1036.

65 . Sharma Akshita e Tiwari Archana (2013). Antifungal efficacy of Cyanobacteria (Eficácia antifúngica das cianobactérias): Cyanobacteria- Potential, Scope and Beyond. Brochura.

66 Sivonen K. & Jones G. (1999). Toxinas de cianobactérias. - In: Chorus, I. & Bartram, J. (Eds.), Toxic cyanobacteria in water. - E & FN Spon, Londres e Nova Iorque, p. 41-111.

67 Skulberg O.M. (1996a) Terrestrial and limnic algae and cyanobacteria In: A. Elvebakk and P. Prestrud [Eds] A Catalogue of Svalbard Plants, Fungi, Algae and Cyanobacteria. Parte 9, Norsk Polarinstitutt Skrifter 198, 383-395.

68 Skulberg O.M., Carmichael W.W., Codd G.A. e Skulberg R. (1993). Taxonomia de Cyanophyceae (Cyanobacteria) tóxicas. In: I. R. Falconer [Ed.] Algal Toxins in Seafood and Drinking Water. Academic Press Ltd., Londres, 145-164.

69 Soltani N, Khavari-Nejad R.A, Tabatabaei Yazdi M., Shokravi S.H., Femandez-Valiente E (2005). Rastreio da atividade antibacteriana e antifúngica de cianobactérias do solo. Pharm. Biol., 43(5): 455-459.

70 Stal L. J. (2000). Esteiras de Cianobactérias e Estromatólitos. Em: Whitton, B. A., Potts, M. (Eds.), The Ecology of Cyanobacteria : A sua diversidade no tempo e no espaço. Kluwer Academic Publishers, Dordrecht, pp. 61-120.

71 Stal L. J. (2003). Ciclo do azoto em tapetes de cianobactérias marinhas. Em: Krumbein, W. E., Paterson, D. M., Zavarzin, G. A. (Eds.), Fossil and Recent Biofilms: A Natural History of Life on Earth. Kluwer Academic Publishers, Dordrecht, pp. 119-139.

72 Tan L.T. (2007) Produtos naturais bioactivos de cianobactérias marinhas para a descoberta de medicamentos. Phytochem. 68(7):954-979.

73 Tiwari Archana e Shivani (2012). Potencial antioxidante da catalase em cianobactérias formadoras de florescência - Anabaena variabilis e Synechococcus elongates. Int J Pharm Bio Sci. 3(3): (B) 956-966.

74 Vadiraja B.B., Gaikwad N.W. e Madyastha K.M.(1998) Biochem. Biophys. Res. Commun., 249, 428-431.

75 Van Liere L. e Mur L.R. (1979) Capítulo 9. Algumas experiências sobre a competição entre uma alga verde e uma cianobactéria. In: L. Van Liere, Tese, Universidade de Amesterdão.

76 Van Liere L. e Mur L.R. (1980) Ocorrência de Oscillatoria agardhii e algumas espécies relacionadas, um levantamento. Dev. Hydrobiol, 2, 67-77.

77 Van Liere L. e Walsby A.E. (1982) Interactions of cyanobacteria with light. In: N.G.Carr and B.A. Whitton [Eds] The Biology of the Cyanobacteria. Blackwell Science Publications, Oxford, 9-45.

78 Van Liere L., Mur L.R., Gibson C.E. e Herdman M. (1979) Growth and physiology of Oscillatoria agardhii and some related species, a survey. Dev. Hydrobiol, 2, 67-77.

79 Volk R.B, Furkert F.H. (2006). Atividade antialgal, antibacteriana e antifúngica de dois metabolitos produzidos e excretados por cianobactérias durante o crescimento. Microbiol. Res., 161: 180-186.

80 Walsby A.E. (1987) Mechanisms of buoyancy regulation by planktonic cyanobacteri with gas vesicles. In: P. Fay e C. Van Baalen [Eds] The Cyanobacteria. Elsevier, Amesterdão, 377-414.

81 . Waterbury J.B. (1992) The cyanobacteria isolation, purification and identification. In: A.Balows, H.G., M. Triiper, M. Dworkin, W. Harder e K.H. Schleifer [Eds] The Prokaryotes. Segunda edição, Volume II, Springer-Verlag, Nova Iorque, 2058- 2078

82 . Whitton B. A., Potts M. (2002). A Ecologia das Cianobactérias : A sua diversidade no tempo e no espaço. Nova Iorque Kluwer Academic Publishers.

83 Whitton B.A. (1973) Freshwater plankton, In: G.E. Fogg, W.D.P. Stewart, P. Fay e A.E.Walsby : The Blue-Green Algae. Academic Press, Londres, 353-367.

84 . Whitton B.A. (1992) Diversity, ecology and taxonomy of the cyanobacteria.In: N.H.Mann e N.G. Carr: Photosynthetic Prokaryotes. Plenum Press, Nova Iorque, 1-51.

Printed by Books on Demand GmbH, Norderstedt / Germany